日本色彩研究所
监制

设计心理学

色彩与图像的
150 个
视觉表达法则

[日] 名取和幸　竹泽智美　著

胡茵梦　　　　　　　　译

U0178365

电子工业出版社
Publishing House of Electronics Industry
北京·BEIJING

要点で学ぶ、色と形の法則150

Copyright ©2020 Kazuyuki Natori, Tomomi Takezawa

All rights reserved.

Originally published in Japan in 2020 by BNN, Inc.

Simplified Chinese translation rights arranged through BNN, Inc.

Author : Kazuyuki Natori, Tomomi Takezawa

Supervisor : Japan Color Research Institute

Cover Design : Masahito Hanzawa (POWER GRAPHIXX inc.)

版权贸易合同登记号　图字：01-2022-4092

图书在版编目（CIP）数据

设计心理学：色彩与图像的150个视觉表达法则 /(日) 名取和幸, (日) 竹泽智美著；胡茵梦译.
北京:电子工业出版社, 2022.9
ISBN 978-7-121-44114-1

Ⅰ.①设… Ⅱ.①名… ②竹… ③胡… Ⅲ.①产品设计－应用心理学 Ⅳ.①TB472-05

中国版本图书馆CIP数据核字(2022)第145773号

责任编辑：陈晓婕　特约编辑：马　鑫
印　　刷：天津善印科技有限公司
装　　订：天津善印科技有限公司
出版发行：电子工业出版社
　　　　　北京市海淀区万寿路173信箱　邮编：100036
开　　本：720×1000　1/32　印张：10　字数：416千字
版　　次：2022年9月第1版
印　　次：2023年8月第2次印刷
定　　价：89.00元

凡所购买电子工业出版社图书有缺损问题，请向购买书店调换。若书店售缺，请与本社发行部联系，联系及邮购电话：（010）88254888，88258888。

质量投诉请发邮件至zlts@phei.com.cn，盗版侵权举报请发邮件至dbqq@phei.com.cn。

本书咨询联系方式：（010）88254161~88254167转1897。

前言

我们在日常生活中所见的颜色和形状，有时会因受到环境色的影响被看成完全不同的颜色，或者本该笔直的线条会出现弯曲。本书从色彩和图形两个方面对此类视觉现象进行了归纳总结。

色彩部分，我们将讲述色彩对比、视觉残像等 75 个法则；图形部分，我们将围绕视错觉讲述 75 个法则。一个对页介绍一个法则。

色彩对比、视错觉等现象，表明客观世界与人的感觉之间存在偏差。而且，颜色和图形也会让我们的内心产生各种印象或情绪。了解这些视觉现象和心理作用，对于从事艺术、设计、摄影、影像等视觉艺术创作的人来说或许会很有帮助。

目录

Color Theory 001~075

色彩法则

Form Theory 076~150

图形法则

视错觉与视觉调整

大小和体量的知觉

色彩法则

Color Theory 001~075

颜色是什么?

光源、物体和人的相互作用产生的视觉感受

综述

○ 大多数人会说草莓是红色的,于是人们就会认为草莓带有红色,但这是一个误区。

○ 颜色根据光源而产生变化,如果光源中不含显色为红色的光,那么草莓看起来也不会是红色的。并且,我们所看见的颜色也存在个体差异。

○ "红色"的草莓可以反射大量可见为红色的波长的光,并吸收其他波长的光,所以正确答案是它带有更容易显色为"红色"的特性。

○ 颜色是光源所含的能量(色素)被物体改变了平衡,由人接收而产生的视觉感受。

○ 颜色是根据光源、物体、人这三个要素发生变化的,因此在讨论颜色的时候,不仅要关注物体,还要关注光线及人的视觉特性。

参看 [002 光是什么?] [053 通用色彩设计] [054 年龄增长与视觉变化] [055 由色觉特性产生的难以区分的颜色]

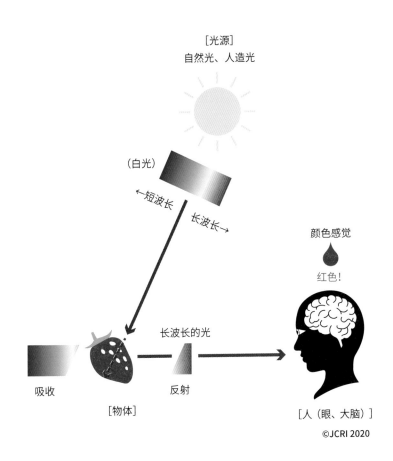

[光源]
自然光、人造光

（白光）

←短波长　　长波长→

颜色感觉

红色！

长波长的光

吸收　　　　　反射

[物体]　　　　　　　　　　　　[人（眼、大脑）]

©JCRI 2020

上图为人看见颜色的过程。例如，阳光或普通人造光（含有各种波长的光）这类感觉不到颜色的光，称为"白光"；例如，烟花这类有彩色光，因为其本身能够产生有颜色的光，所以颜色仅有光即可产生。

光是什么？

人能够看见的电磁波，根据其波长不同，我们能够看到颜色的变化

○ 光被眼睛接收后由大脑进行处理，于是产生了五彩斑斓的世界。产生颜色的这种能量存在于光中。光之于颜色，就如同电波之于电视影像。

○ 光是一种电磁波，像波浪一样在空间传播。电波和 X 射线也同属于电磁波，只是它们的波长（波的波峰与波峰之间的长度）与光的波长不同而已。能被人们看到的电磁波就是光（准确来说是可见光）。

○ 如果将光的波长逐渐缩短，即可依次看到彩虹中的红、橙、黄、绿、蓝、紫的颜色变化，我们称其为"分光光谱"。

○ 彩虹是仅包含特定波长的光（单色光），通过逐渐改变波长排列而成的，日常绝大多数的颜色都含有各种波长的光。

参看 [034 彩虹是七色的吗？]

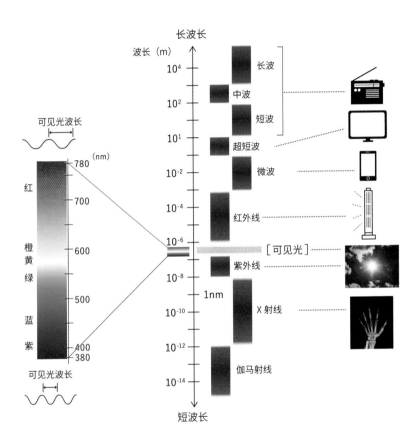

可见光的波长以 nm（纳米）为单位。1nm=10^{-9}m。比红色光的波长更长的红外线是看不见的；比紫外线的波长更短的电磁波具有危害性。

颜色有多少种？

无数还是有数？产生颜色的光有无数种

综述

○ 在液晶显示器上，红色、绿色、蓝色的 LED 发光强度各改变 256 个等级，可以显示约 1670 万种颜色。

○ 据估算，在最佳观察条件下，人眼能够分辨约 750 万种颜色。这是在明亮环境，以普通色觉特性的人去分辨两个相邻颜色的条件下进行的测试。如果将这两种颜色稍微拉开一段距离，人的分辨能力就会大幅降低。

○ 在梅尔茨和保罗合著的《色彩辞典》中收录了包括古代词汇在内的 4346 个表达颜色的词汇。在日本工业标准（JIS）中，有日文词汇 147 个、外文词汇 122 个，共计 269 个相对常用的惯用色名称。

○ 普通日本人能够想起来的颜色名称有 40 个左右，如果是日常对话中使用的词汇，不超过 20 个。

○ 将基本颜色大致分类的名称被称为"基本颜色词"，在所谓的文明社会的语言中有 11 个种类。

参看 [035 基本颜色词]

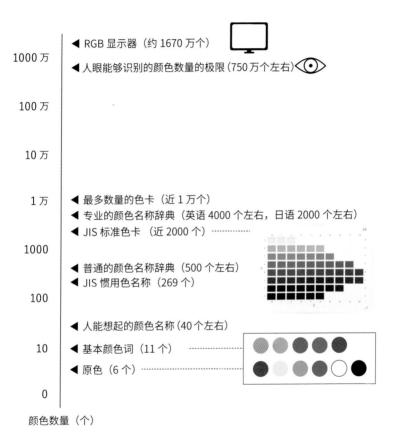

1000 万　◀ RGB 显示器（约 1670 万个）

　　　　◀ 人眼能够识别的颜色数量的极限（750 万个左右）

100 万

10 万

1 万　　◀ 最多数量的色卡（近 1 万个）

　　　　◀ 专业的颜色名称辞典（英语 4000 个左右，日语 2000 个左右）

　　　　◀ JIS 标准色卡 （近 2000 个）

1000

　　　　◀ 普通的颜色名称辞典（500 个左右）

　　　　◀ JIS 惯用色名称（269 个）

100

　　　　◀ 人能想起的颜色名称（40 个左右）

10　　　◀ 基本颜色词（11 个）

　　　　◀ 原色（6 个）

0

颜色数量（个）

颜色在哪里？

向外传播（色彩知觉）、个人内心（印象与情感）、社会（颜色名称）等，颜色无处不在

综述

○ 当然，颜色会向外界传播。虽然颜色是通过眼睛和大脑产生的个体感受，但结果是我们能看到它作为物体的颜色向外传播，然后我们才能生活在一个五彩缤纷的世界里。

○ 色彩也存在于个人心中。虽然彩虹看上去是连续的渐变色，但在很多人心里会认为彩虹是七色的。另外，彩虹会让人感到充满希望，而天蓝色使人感到清爽。

○ 颜色有时也会紧紧跟随你的眼睛。在白纸上画一个绿色的圆点，持续注视这个圆点一段时间，再去看白色的墙壁，你就能隐约看到一个淡红色圆点的残像。当你移动目光，它也会跟着移动，就好像那个圆形粘在了眼睛上。

○ 颜色还在社会中作为颜色名称而存在。颜色名称不仅是存在于自己心中的语言词汇，人们还可以使用这些颜色名称来谈论色彩。另外，人们还有根据流行趋势和文化来使用颜色的习惯。

参看 [017 视觉后像] [034 彩虹是七色的吗？]

我们周围的色彩世界

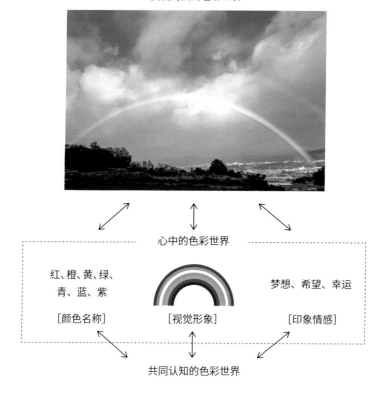

颜色以多种多样的形式存在于我们的日常生活中。让我们一起细心观察并发现那些已经深入每个人心中、日常生活中、社会文化中的各种颜色吧！

光源色模式与固有色模式

看到的是发光的物体，还是反光的物体？

○ 把电视上显示的褐色树木的周围用黑纸覆盖，只露出树木，我们就会看到褐色的树木变成了暗橙色。这是由于颜色知觉差异将褐色树木的"固有色模式"通过遮住周围图像后作为光源被看到，变成"光源色模式"所导致的。

○ 在固有色模式下，颜色看起来像附着在物体表面；而另一方面，在光源色模式下，颜色与光之间没有明显的距离，看起来就是物体本身在发光。

○ 在黑暗的房间里，显示器上如果显示一种颜色，那么这就是光源色模式；如果显示多种颜色，那么就变为了固有色模式。褐色、肉色、灰色等颜色是通过与其他颜色对比而产生的，因此没有单独看起来是褐色、肉色或灰色的光。

○ 颜色的一种视觉认知模式，与自身实际发光还是反射光没有关系。即使电视自身发光也还是可以被看作固有色模式，相反，即使月球表面的颜色是反射的太阳光，月亮的颜色还是可以被看作光源色模式。

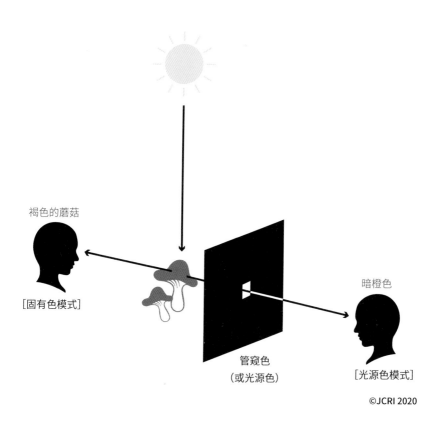

褐色的蘑菇

[固有色模式]

管窥色
（或光源色）

暗橙色

[光源色模式]

©JCRI 2020

当你伸手拿着一张开有小孔的黑色纸时，从小孔窥视蘑菇的一部分，褐色的蘑菇就会变成颜色暗淡的暗橙色，这种观察颜色的方式称为"管窥色"。

荧光色

把看不见的紫外线等变成人们可以看见的波长的光，发出明亮的光芒

○ 荧光物质具有将包含在光中，但不可见的紫外线变为可见光再放射出来的性质。而且由于吸收并释放了短波长的光，所以相应部分的光会增强，发出明亮的光芒。

○ 使原本不可见的光发出明亮的光芒，这一点非常引人注目。因此，荧光色被应用在荧光笔、荧光球等文娱用品，或者登山服、警服等衣物上。

○ 荧光物质在生活中也被广泛使用。为了让白色 T 恤衫看起来更白，很多时候会使用发蓝光的荧光剂。洗衣粉中含有荧光增白剂，以弥补荧光剂被洗掉后所引起的衣物泛黄的问题。

○ 荧光灯管的内侧涂有荧光物质，紫外线照射在其中的荧光物质上就会发光。普通的 LED 灯就是用蓝色的 LED 光照射在黄色的荧光粉上进行发光的。

参看 ［065 色彩诱目性］

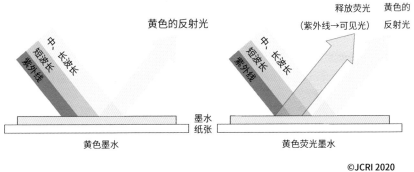

黄色的反射光

释放荧光　黄色的
（紫外线→可见光）　反射光

中、长波长
短波长
紫外线

中、长波长
短波长
紫外线

墨水
纸张

黄色墨水

黄色荧光墨水

©JCRI 2020

因为吸收了原本不可见的紫外线和短波长的光并释放出来，所以荧光色看起来非常明亮。

金属色与珠光色

氧化钛或氧化铁与细小的铝箔和云母混合，会产生闪闪发光的效果

○ 金属色是指泛着金属光泽的颜色，是由细小的铝箔、透明颜料与树脂或油混合制成的。金属光泽会随着不同的观察角度而发生变化，给人以高级感。

○ 为了使光泽或色调产生变化而加入的铝箔等物质，被称为"光泽材料"，根据其粒子的大小、密度、排列方式等因素的不同，呈现的光泽也会不同。

○ 使用光泽材料制成的涂料、墨水、塑料等，经常被用在汽车、产品包装或荧光笔等产品上。

○ 珠光色是经常在珍珠上见到的，拥有彩虹般的微妙色彩并带有深邃光泽的颜色。我们在云母表面涂上氧化钛涂层来制作珠光颜料，其产生的光泽闪亮而细腻。这种彩虹般的颜色与肥皂泡的颜色的产生原理相同，都是由光的干涉产生的。

○ 珍珠白色常用于化妆品、指甲油、汽车等物品。特别是化妆品中使用的金银粉，是由树脂薄膜与铝层压制而成的，拥有金属般的美丽光泽。

参看　[008 结构色]

产品在通过色彩进行差异化设计后，通常会结合珠光、金属等质感逐渐完善颜色的使用。近年来，工业产品设计中的表面处理，在 CMF（Color Material Finish，颜色、材料、工艺）方面进行着全面而系统的研究。

结构色

通过观察微观结构，无色的物体也能产生颜色

○ 颜色除了能通过色素产生，还有一些颜色，例如透明肥皂泡中能够看到彩虹色，物体本身没有特定的颜色，而是由微观的物理结构产生的，称为"结构色"。

○ 下列几种结构能够产生结构色。

· 薄膜：膜的表面和底面之间的反射光发生干涉（波的相遇）产生颜色，根据膜的厚度可以看到不同的颜色，如肥皂泡、鸽子颈部的颜色。

· 多层结构：由多层薄膜中的反射光发生干涉而产生，如吉丁虫身上的颜色。

· 鳞片微观结构：由架型结构之间的反射光发生干涉而产生，如将闪蝶的鳞片结构应用在纤维、汽车涂装等领域。

○ 与颜料、染料等颜色材料的显色不同，结构色不会因为受到紫外线照射而褪色。

肥皂泡在刚开始膨胀的时候，泡小膜厚，所以看起来颜色发白。当肥皂泡逐渐变大，膜也会随之变薄，各种颜色开始排列成大理石纹路般的大环状。

如何看见颜色

光的 RGB 分解→互补色分析→辨别→分类

○ 光在被眼睛接收后，按照以下顺序进行阶段性处理，从而产生颜色。

① 颜色的 RGB 分解（感受光）：到达眼睛的光，首先被视网膜底部的视锥细胞接收。这里有 3 种视锥细胞，分别对长波长、中波长、短波长具有高敏感性，于是它们对光中包含的 RGB 成分进行分解。

② 通过互补色转换来分类（互补色处理）：紧接着，3 种颜色信息由视网膜细胞和大脑外侧膝状体进行处理，感知了互补色红—绿、黄—蓝、白—黑（明度）的状态。互补色是无法同时感受到的颜色组合，之所以能看到视觉后像，就是由于对互补色的处理。

③ 颜色辨别：感知颜色的色相（色彩的种类）、明度（色彩的明暗程度）、饱和度（色彩的鲜艳程度）这三个要素，细微的颜色差异就能区分出来了。

④ 颜色分类：经过上述处理，人们在分辨数百万种颜色的同时，还可以将颜色进行系统归类。例如，在区分口红颜色时，可以大致分类为红色系、粉色系、橘色系、驼色系等。

参看 ［010 感光结构（视锥细胞与视杆细胞）］

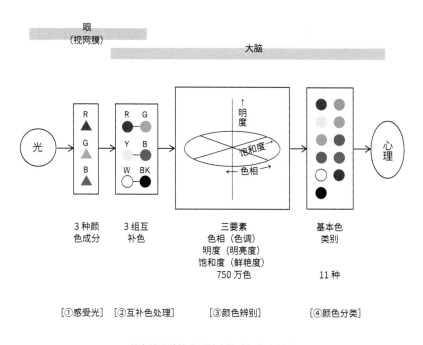

从光被眼睛接收到被大脑感知的全过程

视网膜把从物体接收到的光转换成电子信号，再传送到大脑进行生化处理，于是我们就掌握了物体的颜色信息。

感光结构（视锥细胞与视杆细胞）

视锥细胞能充分感知颜色和形状；视杆细胞即使在昏暗的地方也能发挥作用

如何看见颜色

○ 在眼睛的视网膜底部，分布着视细胞（感光细胞）。视细胞分为两种，一种是在明亮的地方充分发挥作用的呈圆锥状的视锥细胞，另一种是在昏暗的地方能发挥作用的呈杆状的视杆细胞。

○ 视锥细胞分为 3 种，分别对不同波长有不同的敏感度，因此可以感知颜色的差异。而视杆细胞只有一种，所以无法感知颜色的差异。

○ 视锥细胞通常分布在视野的中心区域，且分辨率较高。而视杆细胞多分布于视野的边缘，分辨率较低。因此，视野中心的视力良好，而在视野边缘的东西看起来就很模糊。例如，在书店查找书籍（只看书脊）时，稍有偏离视野中心的书就看不清书名。

○ 由于对光的敏感度高的视杆细胞多分布于视野的边缘，进入昏暗的房间时，如果把注意力从视野中心转向视野的边缘，就能隐约看到影像。

参看　[011 普肯耶现象]　[055 由色觉特性产生的难以区分的颜色]

传入大脑

神经节细胞等

视网膜内层

视
网
膜

视杆细胞

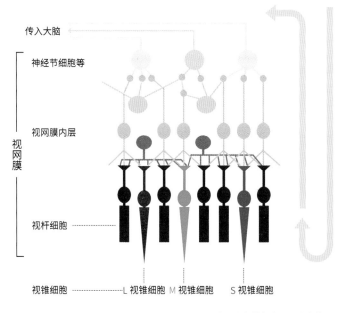

视锥细胞 ⋯⋯⋯⋯ L 视锥细胞　M 视锥细胞　　S 视锥细胞

* 实际上视锥细胞不是彩色的

视锥细胞是集中在中央区域的"高分辨率彩色感光元件";视杆细胞是分布在边缘的"高感光度黑白感光元件"。两种细胞分工合作。

普肯耶现象

当太阳落山光线变得昏暗时，红色看起来会变暗，而蓝色看起来会变亮

○ 我们所见的颜色会根据环境的明亮程度而变化。白天看起来很鲜艳的红色花朵，到了夜晚，颜色看起来就会暗淡，反而绿色的叶片、蓝色的标志看起来会相对明亮。

○ 在明亮的地方，发挥主要作用的是能区分颜色的视锥细胞，视锥细胞对黄绿色的光（波长为 555nm）最敏感。

○ 在月光下或者较暗的地方，比视锥细胞对光更敏感的视杆细胞就会起主导作用。视杆细胞对蓝绿色的光（波长为 507nm）最敏感。

○ 在太阳下山不久的微光环境中，视锥细胞和视杆细胞二者同时发挥作用。因此，虽然能知道是什么颜色，但与环境明亮的时候相比，波长较短的绿色和蓝色看起来更鲜艳。

○ 该现象是由生理学家 J. E. 普肯耶首次记述的，因此被称作"普肯耶现象"，又称"普肯耶效应"。

参看　[010 感光结构（视锥细胞与视杆细胞）]

明亮的地方

昏暗的地方

红色的伞并不总是引人注目的。红伞在白天确实很鲜艳，但在太阳落山、环境变暗时，红色就会消失，颜色会显得很暗。然而，蓝色的伞在环境变暗之后，反而比红色的伞看起来更亮。

贝佐尔德 - 布吕克色觉现象

当暗橘色或黄绿色的光变亮后，看起来就是黄色

○ 当来自物体的光的强度发生变化时，色相有时也会发生变化。

○ 红、橙、黄、绿、蓝等颜色的类别叫作"色相"。色相根据光的波长的不同而变化，但即使波长相同，光的强弱变化也会使色相看起来发生了改变。

○ 波长对应在"黄绿—橙—红"这个波段的颜色变亮后，色调看起来就会变得更接近黄色。例如，黄绿色光变亮后看起来就是黄色的，橙色光变亮时看起来也同样更接近黄色。

○ 在对应"绿—蓝紫"的波长范围内，将光调亮后，色调会向蓝色偏移。例如，蓝绿色或蓝绿色的光，在变亮后看起来就会更接近蓝色。19世纪，贝佐尔德和布吕克分别在论文中提出了相关内容，因此这种现象被称为"贝佐尔德 - 布吕克色觉现象"。

○ 值得注意的是，在蓝、绿、黄、红等颜色中，即使亮度改变，其色相也不发生变化的波长是存在的。

参看 ［063 色相的自然序列］

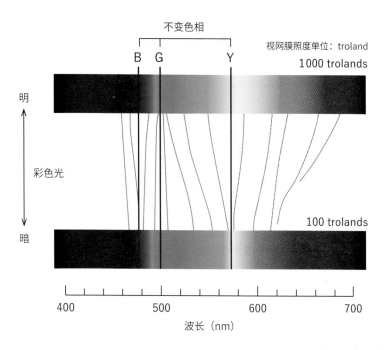

不变色相

视网膜照度单位：troland

B G Y

1000 trolands

明

彩色光

100 trolands

暗

400 500 600 700

波长（nm）

Purdy, D. M. (1937).
The Bezold-Brücke Phenomenon and Contours for Constant Hue.
American Jornal of Psychology, 49, 313-315.

光谱之间的连线两端为在改变单色光亮度时，呈相同色相的波长。例如，将暗光谱中 550nm 的黄绿色在不改变波长的情况下提高亮度，我们从上图下面的光谱的 550nm 处垂直向上对应查找，就可以看出黄绿色的光变亮后看起来更接近黄色。

加法混色

不同的光（不同波长的能量）互相叠加，生成新的颜色

○ 两种以上颜色的光或颜料通过混合产生新的颜色，叫作"混色"。人造物品的各种颜色都是通过混色产生的，也可以说，现在丰富多彩的世界是靠混色来支撑的。

○ 混色的原理只有两种，一种是加法混色，另一种是减法混色。

○ 加法混色是通过叠加多种颜色的光产生新颜色的方法。如果把有色光比作每个波长的光的能量堆积，那么某种光的能量与其他光的能量相互堆积，就会形成更高的其他形状的能量堆积，不同的加法混色的含义如下。

- 同时加法混色：使不同颜色的聚光灯同时照射在同一位置所产生的混色。

- 连续加法混色：将涂有两种颜色的圆盘高速旋转所产生的混色。

- 排列加法混色：将微小到肉眼无法区分的色块排列在一起所产生的混色，如电视屏幕中显示的图像。

○ 要产生各种颜色，我们需要准备红（R）、绿（G）、蓝（B）3种有色光，通过分别调整它们的亮度使其混色即可。通常我们称红（R）、绿（G）、蓝（B）这三种颜色，是加法混色的三原色。

参看 [015 排列加法混色]

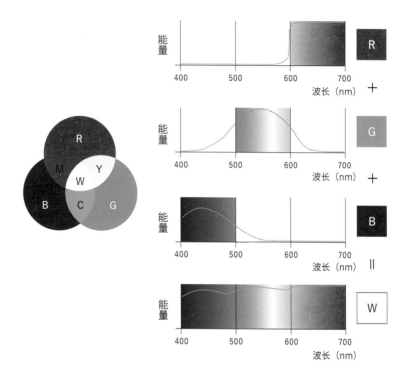

在加法混色中,红色 + 绿色 = 黄色,绿色 + 蓝色 = 青色,红色 + 蓝色 = 品红色。
红(R)、绿(G)、蓝(B)这三种颜色光全部叠加在一起就成了白光。

减法混色

每当光通过物质，光中含有的颜色成分就会被削减

○ 将黄色和蓝色的彩色胶片重叠，透过胶片看过去，混色之后就得到了绿色，这就是基于减法混色原理进行的混色。

○ 当光穿过物体，就会发生波长被缩短（吸收）的现象。如果在物体上再叠加一个物体，波长还会进一步缩短（吸收），从而产生新的颜色。

○ 光在通过某个物体时，光的一部分会被削减，如果再通过一个物体，还有光的其他部分会被削减掉，这样就能制造出不同的颜色。

○ 可以说，这是光在通过多个物质时，颜色成分被削减而产生其他颜色的方法。由于混色使原本的光失去能量，所以颜色会变暗。

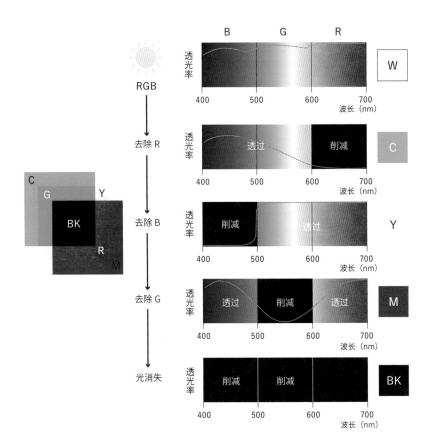

白光（RGB）穿过青色的胶片之后失去红色（R），剩下的光（GB）显出青色。如果再将黄色胶片也叠加上，那么蓝色（B）也会消失，只剩下绿光（G）。如果再将品红色胶片也叠加上，那么绿色也消失了，没有光通过于是变成了黑色。

排列加法混色

排列加法混色常被用作色彩呈现的手段，如 RGB 显示屏、网点印刷等

○ 如果将小到肉眼无法分辨的色点排列起来，并从远处观察，混在一起的颜色看起来就变成了其他颜色，这被称作"排列加法混色"，也是加法混色的一种，可以说是由人眼引发的混色。

○ 在电视、计算机、智能手机等 RGB 显示屏中，使用了非常小的三原色（RGB）滤色器，通过分别在 256（0～255）个等级范围内调整 3 种有色光的亮度，来呈现各种颜色。

○ 莫奈、雷诺阿等印象派画家，不使用调色板混色，而是直接在画布上排列颜色，从而展现明亮的光和通透感。接着，被称为"新印象派"的修拉学习了色彩理论，通过将原色以微小的点状进行排列的"点绘画"方式，呈现鲜艳而充满光感的绘画效果。

○ 用染有各种颜色的纤维混合纺织而成的线，再用这种线织出的纺织品，以及通过改变经纬线的颜色编织而成的纺织品，这些颜色都是由排列加法混色产生的。贴有不同颜色瓷砖的建筑物，从远处看去，也可以看到由排列加法混色而产生的颜色。

○ 混合了多种颜色制作而成的粉底，也是为了带给肌肤更自然的细腻感和透明感，这就是"点绘画"在生活中的应用。

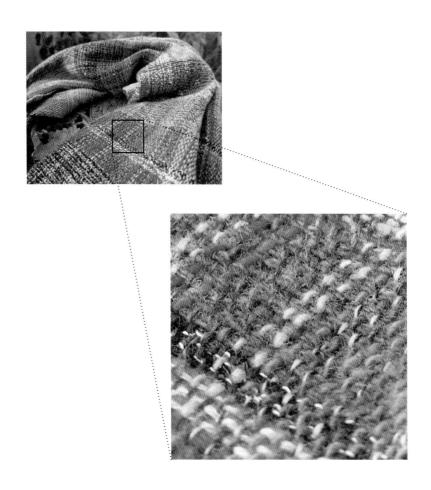

纺织品中使用了排列加法混色。

016

颜料混色

颜料混色以减法混色为主，也会出现排列加法混色

○ 混合颜料或涂料后得到的颜色会变得暗淡、浑浊，因此，可以说是减法混色在发挥作用。但是，虽然以减法混色为主，也会出现排列加法混色。

○ 当把不同颜色的颜料混合在一起时，每种颜料的微粒呈层状重叠的状态漂浮在水或油中。

○ 将混合的颜料涂在白纸上，光会穿过每个颜料涂层，经过白纸反射，再透过涂层释放出来。因为是光穿过物体发生的混色，所以是减法混色。

○ 然而，由平铺排列的不同颜色的颜料微粒反射出来的光，发生了排列加法混色。与白色颜料混合后，任何颜色都会变浅、变白，这就说明颜料中发生了加法混色。

参看 ［014 减法混色］［015 排列加法混色］

排列加法混色　　　　　　　　　　　　减法混色

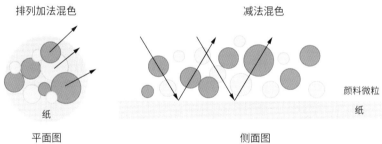

颜料微粒

纸

平面图　　　　　　　　　　　　　　　侧面图

颜料混合后发生了减法混色和排列加法混色。

017

视觉后像

持续注视颜色后，视野中会显现颜色的残像

- ○ 如果在昏暗的地方看瞬间爆闪的亮光，或者盯了片刻有颜色的物体之后再去看白墙，先前看到的物体的影像会残留在视野中，这就是"视觉后像"，它会随着时间流逝而变淡，直至消失。

- ○ 视觉后像分为两种，一种是在夜晚烟花绽放后，我们视野中能看到与刚刚的烟花同样明亮、相同色相的后像，这种现象被称为"阳性后像"（正后像）。另外一种是当我们看完鲜艳的颜色后，将视线转移到白色或浅灰色的背景上，此时眼前出现的后像是与原本颜色互补的颜色。此时看到的像，是亮度相反，且处在色相环上相对位置的补色的后像（红色对应蓝绿色，黄色对应蓝紫色），这种现象被称为"阴性后像"（负后像），也称"补色后像"。

- ○ 医生穿的手术服多是绿色或蓝绿色的，就是为了弱化鲜红的血液所产生的补色后像，这样不容易产生视觉疲劳。

目不转睛地盯住这张彩色照片中央的 × 符号 20 秒左右，然后试试翻页去看黑白照片，请注意即使翻页也不要使目光离开页面中央的 × 符号。

由于眼前出现了前一页的彩色照片的视觉后像，所以这张黑白照片看起来也是彩色的。

018

明度颜色适应

通过调节眼睛的灵敏度，可以适应环境的亮度，也能感受照明光的颜色

○ 当进入昏暗的室内，眼睛无法立刻看到周围的景象。稍微经过一段时间，眼睛便适应了环境，可以看见东西了。当处在昏暗的环境中，眼睛的感光能力会随着时间的推移逐渐增强，我们将这种现象称为"暗适应"；相反，如果从黑暗的隧道中来到明亮的环境中，眼睛会为了适应环境而降低感光能力，这被称为"明适应"。

○ 在天文观测者打开白色灯光的一瞬间，会因发生明适应而暂时看不到周围环境。因此，通常他们都会使用可以保持暗适应状态的红色灯光进行照明。

○ 晴朗的天气里，如果你从户外进入一个灯光泛红的房间，一开始会觉得整个空间看起来都带着红色，但不久就感觉不到颜色了，这种现象被称为"颜色适应"。

○ 刚戴上有色镜片的墨镜时，会感觉视野被染上了一层颜色，但是戴久了就会因为适应了镜片的颜色而注意不到它，这证明人具有自动校准色彩的能力。

从黑暗的隧道中来到明亮的地方，短时间内会出现明适应现象。

019

明度颜色恒常性

即使白纸被红色光照得发红，人也能识别出这是白纸

○ 当看到被夕阳映红的白纸，我们也知道纸仍然是白色的，不会认为纸变成了红色。即使照明有些许变化，颜色看起来也是相对稳定的，这种现象叫作"颜色恒常性"。

○ 人感知颜色时会考虑到照明和到达视网膜的光之间的关系，这就好比相机会综合考虑照明光的特性而调整白平衡。

○ 像这样对物体的视觉感知，就不仅是由视网膜的物理状态这一单独因素决定的了。

○ 颜色的明度不是仅由反射光的明亮度决定的。从反射光的强度来说，傍晚的雪和白天的乌鸦相比，后者强度更强，但是雪看起来是白色的，而乌鸦看起来是黑色的。另外，无论白天黑夜，乌鸦看起来都是黑色的，这种现象叫作"明度恒常性"。

○ 远处走来的人，在视网膜上的映像变大，但看上去其身高却一直未变，这种现象叫作"大小恒常性"。

○ 当照明、观察角度、距离等因素发生变化时，视网膜上的映像也会相应地发生变化，根据这个关系，我们所感知的物体是相对恒定不变的，这种现象被称为"知觉恒常性"。

参看 ［113 大小恒常性与形状恒常性］

就像我们会把被夕阳映红的白纸识别为白色，我们并不是一如眼前所见来认知这个世界的。

020

色彩的面积效果

相同颜色的物体只是面积不同，也会使色彩效果和印象有较大区别

- ○ 窗帘、壁纸、建筑物外墙等的颜色，通常都是看产品小样或者颜色样本来选择颜色的。然而，在实际使用这个颜色之后，成品往往会比之前看到的小样更明亮、更鲜艳。

- ○ 一般来说，颜色会随着面积增大而显得更明亮、更鲜艳。

- ○ 面积变大后，像浅驼色这样稍显暗淡的颜色多半明度会提升，亮度中等的颜色在明度上变化不大，但往往会显得更鲜艳。

- ○ "不应该是这样的"，为了防止出现这类因色彩的面积效果引起的麻烦，最好使用面积尽可能大的颜色样本。

- ○ 如果颜色的面积大到覆盖整个视野，我们就会适应这个颜色，色调强度看起来就会被减弱。

- ○ 相反，如果是在前方 1m 处有大小在 3mm^2 以下的小色块，黄色、黄绿色、灰色看起来就像是白色，而深蓝和紫色看起来就像是黑色，红色、橙色和紫红色看起来是粉红色，亮蓝色和蓝绿色看起来都变成了绿色。面积小的颜色都会被看成白、黑、红、绿这四种颜色，对黄色和蓝色的感知则会消失。

根据小样选色制成的窗帘，实际挂上之后，通常都比样本看起来更明亮、更鲜艳。在看样本的时候是可爱的粉色，做出的成品往往都会变得过于艳丽。

021

赫尔姆霍兹 - 科尔劳奇效应

当颜色的饱和度发生变化时，明度看起来也发生了变化

○ 即使传递到视网膜的光的强度相同，饱和度高的鲜艳颜色也会显得更明亮。也就是说，即使是强度相同的光，但红色看起来会比灰色更明亮。

○ 这种现象是由 19 世纪的生理学家赫尔姆霍兹提出的，之后由物理学家科尔劳奇通过试验证实，因此被称为"赫尔姆霍兹 - 科尔劳奇效应"。

○ 当增加颜色的饱和度时，明度增加的效果根据色相不同会有所差异。该效应在红色、紫红色、绿色区间较为明显，黄色等区间效果较弱。即使饱和度再高，增加黄色的明度也很难被察觉。

○ 这种现象也发生在发光色中，蓝光看起来比同等强度的白光更亮。例如，为了使内发光招牌的亮度显示一致，有必要将蓝光的强度降低一些，以匹配白光的亮度。

明度不变的红色

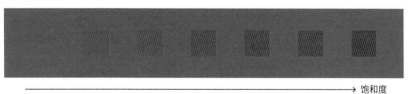

→ 饱和度

明度不变的黄色

→ 饱和度

©JCRI 2020

随着颜色的饱和度逐渐增加，红色看起来更明亮，而黄色的明度几乎没有变化。

022

色彩对比

改变颜色以使相邻的颜色互相远离，强化差异

○ 当某种颜色在空间中与其他颜色接近时，这种颜色看起来会发生变化，这种变化分为"色彩对比"和"色彩同化"两种类型。

○ 色彩对比是向远离相邻色的方向偏离的类型，例如，当某种颜色与更深的颜色相邻时，这种颜色会显得更明亮。

○ 对比（或同化）发生在色彩三属性——色相、明度、饱和度这三个方面，分别叫作"色相对比（或同化）""明度对比（或同化）""饱和度对比（或同化）"。

○ 色相、明度、饱和度上的对比或同化，在某些情况下可能会同时发生。

参看　[024 边缘对比]

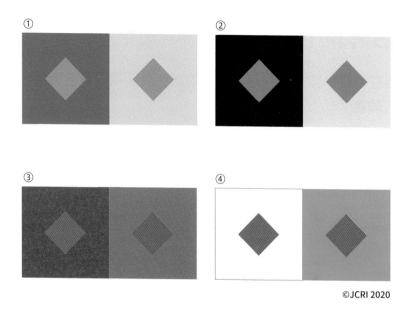

① 色相对比：相邻的两种颜色呈现的色相彼此远离。当绿色菱形被蓝色包围时，绿色会向蓝色的对比色——黄色方向偏离，从而看起来更像黄绿色；而当绿色被黄绿色包围时，又因向蓝色方向偏离而呈现蓝绿色。

② 明度对比：相邻的两种颜色呈现的明度差异会增大。当灰色的菱形被黑色包围时，灰色显得更亮，而被偏白的颜色包围时，则显得更暗。

③ 饱和度对比：相邻的两种颜色呈现的饱和度差异会增大。当红色被饱和度更高的红色包围时，则显得更暗沉；而被低饱和度的灰色包围时，则显得更鲜艳。

④ 补色对比：当某种颜色以色相相反的颜色（补色）为背景时（图④中的右图），比单独看（图④中的左图）时显得更鲜艳。

023

色彩同化

当在色块中插入细线时，色块的颜色就会变得更接近细线的颜色

○ 如果在灰色的色块中画上一条很细的黑线，那么灰色看起来会向细线的颜色偏离，使颜色变深。

○ 同样，如果在色块中插入一条细线，色块的颜色看起来也会变得更接近细线的颜色，这种现象叫作"色彩同化"，同化也会由图形轮廓线的颜色引起。

○ 当把橘子放入红色的网兜中时，由于同化作用使橘子的红色的程度增加，因此橘子看起来像熟透了一样，显得更加美味。

○ 色彩对比容易发生在较大的图案上，而色彩同化更容易发生在细线等较小的图案上。如果将发生了色彩同化的图片拿远一些看，图案会变得更细碎，从而发生混色。

Photo from LGM by Manuel Schmalsteig CC-BY-2.0,
Illusory Color Remix by Øyvind Kolås

黑白照片中插入带有颜色的细线，看起来就变成了彩色照片。本图的作者
Øyvind Kolås 称这种现象为"色彩同化栅格错觉"。

024

边缘对比

在相邻的两种不同颜色的边界处发生的明显的颜色变化

○ 将明度略有不同的灰色排列起来，与更浅的灰色相邻的那一侧的边界处的颜色显得更深，而与更深的灰色相邻部分的颜色显得更浅，这种现象叫作"边缘对比"。

○ 这种效果在明暗不同的两种灰色中也会发生，但在阶梯式明度的多种灰色中，效果更明显。

○ 边缘对比在明度、色相、饱和度的任意属性中都会发生。

○ 边缘对比发生在明度或颜色突变的边界处，结果为边界处的颜色差异被强化，使物体更容易被识别。

参看 [022 色彩对比]

本页上图为明暗的边缘对比，各种灰色与右侧相邻的边界部分显得更亮，而与左侧相邻的部分则显得更暗；本页中图为色相的边缘对比；本页下图为饱和度的边缘对比。

利布曼效应

当明度相同时，即使色相不同也不容易分辨

○ 红色和绿色即使色相相距甚远，但如果将明度几乎相同的红色和绿色色块放在一起，边界也会变得恍惚不定、模糊不清，有时还会出现刺眼的光晕。

○ 如果在背景和要展现的内容（图形或文字等）上采用这样的色彩搭配，那么要展现的图形或文字会很难分辨，这种现象以其发现者的名字命名，称为"利布曼效应"。

○ 为了提高可读性，需要充分增大背景和要展示的内容之间的明度差异。为了吸引目光，有些网页会选用鲜艳的色彩组合，但这样会变得很难阅读，效果适得其反。

○ 在不得不使用明度相近的颜色时，可以为要展示的内容加上明度与其和背景都不同的轮廓。通常会使用无颜色的白色或黑色，也可以使用金、银或明度较高的浅色，这类颜色被称为"分隔色"。

如上图所示，红色和绿色虽然色相不同，但由于明度相近，产生了晕光现象。
广告牌等文字如果使用这种配色会很难阅读。

026

赫尔曼栅格错觉

在黑底的白色网格图的网格交叉点处可以看到并不存在的黑点

- ○ 当观察黑底的白色格子图案时，你会在白线的交叉点附近隐约看到实际并不存在的黑点。

- ○ 以 1870 年的发现者之名命名，这个图案被称作"赫尔曼栅格错觉"，图中的黑点被称为"赫尔曼点"。

- ○ 当你将黑点放置在视野中央想要仔细观察时，它就会突然消失，并且出现在视野周围。

- ○ 关于赫尔曼点能被看到的原因是：视网膜中的某些神经细胞，具有中心区域在明亮模式下反应、边缘区域在黑暗模式下反应的特点。由于白线交叉点附近的亮度高于其他部分的白线，因此抑制了神经细胞的反应，看起来略暗。并且该反应区域在视野中央的部分非常小，因此视野中心看不到黑点。

- ○ 如果将白线改为非直线图形，就会发现黑点消失了，可见这种现象与直线路径也存在一定的关系。

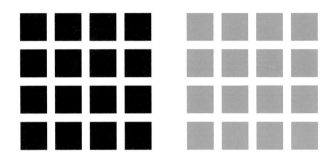

Straightness as the main factor of the Hermann grid illusion
Geier, J., Bernáth, L., Hudák, M. & Séra, L. (2008).
Straightness as the Main Factor of the Hermann Grid Illusion.
Perception, 37(5), 651-665.

如上图所示，白线交叉处显得较暗，白线交叉处所见的点，在黑底的情况下看发黑，在蓝底的情况下看则带一点儿蓝色。白线如果是曲线，则看不到交叉点处有暗点。

027

马赫带

在明度发生改变的部位，可以看到实际上并不存在的线

○ 如右页中的图片所示，当明度发生平滑变化的面与明度没有变化的面相连时，在①处可以看到一个亮灰色的带，在②处可以看到一个暗灰色的带，这种带叫作"马赫带"。

○ 发现者马赫，是作为速度单位而被世人铭记的物理学家、哲学家和心理学家。

○ 实际在物理上并不存在马赫带，这种现象属于边缘对比的一种。

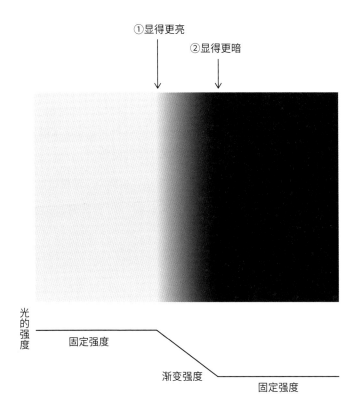

上图为马赫带示意图。在与渐变色区间相邻的交界处，可以看到亮灰色带和暗灰色带。

蒙克错觉和怀特错觉

格子和背景的颜色明显地改变了物体的颜色，变化惊人的颜色错觉

○ 即使是颜色相同的物体，当放置在不同颜色的网格背景下时，看起来其会向网格的颜色靠近，而呈现完全不同的颜色。

○ 这种视觉效应由 H. 蒙克于 1970 年提出，被称为"蒙克错觉"。

○ 而"怀特错觉"将蒙克错觉中的颜色用黑、白、灰三种无彩色来代替，由 M. 怀特于 1979 年提出。

○ 关于怀特错觉有以下两种解释。

· 如右页图所示，左侧的马的灰色线条是因为与白色线条发生了明度同化，因此显得更明亮。

· 另一种是将白色线条视作置于灰色的马图形上面的竖格，所以不会产生由白色线条引起的对比效果。白色线条影响不到灰色的区域，因此，灰色的马受到黑色背景的明度对比影响而显得明亮。

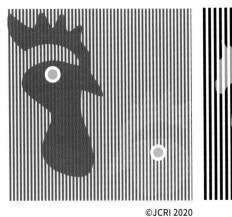

蒙克错觉

怀特错觉

红色的公鸡在蓝色竖格的衬托下变为紫红色，而在黄色竖格的衬托下变为了橙色。灰色的马在白色竖格的一侧变为亮灰色，而在黑色竖格的一侧则变为暗灰色。

029

棋盘阴影错觉

明度不仅由视网膜接收的光线亮度决定，还由大脑对情况的判断来决定

○ 右页的图像，看起来是一个由明度不同的两种颜色排列而成的棋盘，但实际上 A 色块和 B 色块是反射率相同且物理上完全相同的颜色。如果相同的两个色块的其中之一看起来处在阴影中，则明度看起来就是不同的。

○ 这个现象自 1995 年由 E.H. 阿德尔森命名为"棋盘阴影错觉"以来，时常在电视节目或其他地方被提及。

○ 大脑判断 B 色块处有阴影，与 A 色块这样处在光照之中的地方相比，到达眼睛的光会变暗。即使 A 色块和 B 色块在视网膜上的明度相同，但被大脑判断为处在阴影中的 B 色块显得更亮。

○ 就算强烈地认定这两种颜色相同，也会产生错觉。即使用手指挡住圆柱的部分，错觉也会发生。只要认为 B 色块处在阴影中，就会产生这种错觉。

A 色块和 B 色块虽为明度完全相同的灰色，但是 B 色块显得更亮。

030

贝汉转盘

**当转动由黑白两色制作的圆盘时，会呈现其他颜色，
其原理尚不能完全解释清楚**

○ 将圆盘的一半涂黑，在其余的白色部分每 45°画 3 条黑色的弧线，共
画 4 段。转动这个圆盘，可以在黑线的地方隐约看到四色的色带。像
这样从黑白的图像中看出的颜色叫作"主观色彩"，这个转盘就是典
型的案例。

○ 如果改变转动的方向，从内侧到外侧看到的颜色的顺序也会发生反转。
如果转速过快，颜色看起来就会比较浅，慢一点儿旋转则更容易感受
到色彩。改变照明的颜色或亮度，也会使圆盘上的颜色发生变化，并
且每个人感知的颜色也存在差异。

○ 感受光的 3 种视锥细胞输出不同的颜色信息，它们各自在接收到光之
后的反应时间，以及光消失后的反应留存时间的特性不尽相同。这三
种视锥细胞对光的反应时间的特性差异，就是我们能够看见颜色的主
要原因。

○ 也就是说，圆盘旋转所产生的闪光图形，使 3 种视锥细胞在信息输出
上产生了时间差，从而看到了颜色。

○ 但是，有试验证明该现象与连接着视锥细胞的视网膜细胞有关，近几
年又发现与大脑都有着很密切的关联，所以这个可以看到颜色的原因
尚未查明。

这个转盘由英国玩具制造商 C. 贝汉,于 19 世纪末开始售卖,被 1894 年的《自然》科学杂志登载之后广受欢迎。

031

爱伦斯坦错觉与霓虹色彩效应

看到了实际上并不存在的圆

○ 在白底上画黑色的网格，如果将网格的交叉部分稍微擦去一些，就能在交叉处看见一个明亮的白色圆形。反之，如果将白色和黑色调换，在黑底上画白色线条，那么相交处会看见比背景颜色更深的黑色圆形。

○ 这个现象以发现者的名字命名，被称为"爱伦斯坦错觉"。

○ 当看到一条中断的线条时，视觉系统会推断在线条上面覆盖有白色的圆形，这里所见的圆形轮廓被称为"主观轮廓"。

○ 将爱伦斯坦错觉中被去掉的十字部分替换成黄色或蓝色等各色的十字形后，颜色看上去会向周围蔓延，这种现象叫作"霓虹色彩效应"。

○ 明度由单个视觉细胞就可以感知，所以显像非常清晰。与此相对，颜色由 3 种视觉细胞感知，需要范围更大的视网膜来识别，所以显像不够清晰。因此，细微部分的颜色差异无法被感知，颜色蔓延至看上去产生了明暗变化的区域，就产生了霓虹色彩效应。

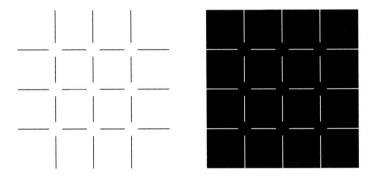

爱伦斯坦错觉

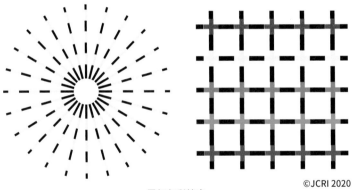

霓虹色彩效应

032

蓝裙子还是白裙子？

同一张图看出不同颜色的两个人，都完全无法相信对方看到的颜色

○ 右页中的裙子图片在 2015 年的网络上广为流传，关于它的颜色，人们分为"蓝黑条纹"和"白金条纹"两派。

○ 这是 21 岁苏格兰女歌手凯特琳·麦克尼尔于 2015 年 2 月 25 日发布在社交网站上的一张照片，拍摄的是朋友婚礼上新娘的母亲所穿的裙子。

○ 大家对裙子的颜色看法不一，是由观察者无意识假想的照明环境的不同所引起的。

○ 对于那些认为裙子是在光线充足的地方拍摄的人来说，看起来就是原本蓝黑色条纹的裙子，拍出来之后显得更亮。而对于那些认为裙子处在昏暗环境的人来说，这本来应是更亮的白金色条纹的裙子。

○ 之后，关于色彩感知的差异是否与观察者的年龄、右脑 / 左脑思维者、早起 / 熬夜者等条件有关，进行了进一步探讨。

○ 根据销售公司的商品详情介绍来看，这条裙子的颜色为 Royal-Blue（宝蓝色）。

左图：你看到的裙子是蓝色的，还是白色的？

右图：或许你会感到难以置信，图中所画的两条裙子的右半部分颜色完全相同。也就是说，根据观察者对裙子的受光情况的理解不同，裙子的颜色看起来就是不同的。

033

静脉不是蓝色的

在肤色的衬托下，近乎灰色的静脉看起来呈蓝色

○ 手腕内侧和手背上的静脉看起来微微泛蓝，但如果只截取如右页图像所示的部分来看，就会惊讶地发现，它几乎是灰色或者近乎灰色的浅驼色，完全不带蓝色调。

○ 由于被橙色调更明显的肤色所包裹，在其衬托下，我们看到的静脉呈现蓝色（橙色的补色）的色调。北冈明佳于 2014 年发现这一现象，并将其命名为"静脉错觉"。

○ 过去，人们解释血管呈蓝色的原因，是当光进入皮肤后，长波长的红光在中途被吸收，而短波长的蓝光在到达暗红色的静脉之前发生散射和反射，并回到皮肤表层，但这样的解释是错误的。

○ 黄色人种的婴儿从臀部到后背的区域经常会出现被称为"蒙古斑"的蓝黑色胎记，但这个颜色在物理上同样也不是蓝色的。

参看 ［022 色彩对比］

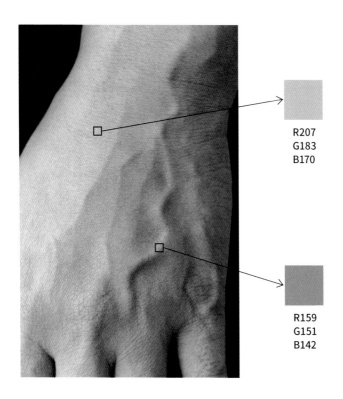

R207
G183
B170

R159
G151
B142

将在手上提取的两处颜色单独展示。从 RGB 数值可以看出，即使在静脉部分，B（蓝）的含量也并不多。静脉之所以看上去呈蓝色，是因为它被看作橙色调肤色的补色。

034

彩虹是七色的吗？

同样的渐变色，在不同的文化背景下也会发生认知改变

○ 彩虹是一组连续的浅色渐变色，但能实际确认的可能仅有红、黄、绿、蓝这几种颜色。然而，在日本，人们通常认为彩虹是七色的。彩虹的颜色不取决于你怎么去看，而是取决于你在哪种文化背景下去看。

○ 17 世纪，牛顿记述了太阳光中包含 7 种颜色，据说这是为了配合音阶的 do、re、mi、fa、sol、la、ti。在使用英语为官方语言的国家，人们用这几种颜色名称的首字母拼成"Roy G Biv"（罗伊 G 比夫）这样的人名来记忆彩虹的颜色。

○ 日本的江户时代末期，由青地林宗所著的日本最早的物理学著作中写道："光通过三棱镜可以分为 7 种颜色"，后来，彩虹便被确定为七色。在日本，一般记为"红橙黄绿蓝靛紫"（读作：せきとうおうりょくせいらんし）。

○ 以前，在美国也是告诉人们"彩虹是七色的"，但在 20 世纪中叶的教科书中写道："由于靛色很难发现，因此可以说是六色的"，自那时起，人们似乎就认为彩虹是六色的了。

○ 如右页图中所描绘的那样，彩虹在视觉上（眼见）是连续的渐变色，但是在认知上（心理意象）却转化为若干种不同的颜色。

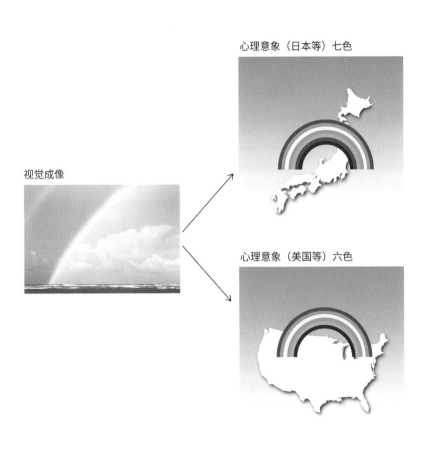

心理意象（日本等）七色

视觉成像

心理意象（美国等）六色

彩虹的颜色，通常在日本是七色，在美国是六色，根据不同国家或文化而异。

035

基本颜色词

在各种语言中，存在 11 种基本颜色词（基本颜色类别），用于为颜色分类

○ 用于对颜色进行分类的颜色叫作"基本颜色词"。人类学家 B. 柏林和语言学家 P. 凯，对 98 种语言进行了基本颜色词的调研。

○ 他们在 1969 年的报告中称，基本颜色词最少的语言中仅将颜色分为两类，数量阶段性增加，在工业化发达国家的文化语言中达到了 11个词。随后，P. 凯和学生 C. K. 麦克丹尼尔，在 1978 年发表了更为完整的解释，明确了以下几点。

  · 在基本颜色词最少的语言中，颜色被分类为对应"明亮、温暖的颜色"和"黑暗、冰冷的颜色"的两个词（阶段 1）。

  · 接下来，"红色"从"明亮的暖色"中独立出来；当进入第 5 阶段，由"红色 - 绿色、蓝色 - 黄色、白色 - 黑色"这三组互补色产生了 6 个颜色名称。这 6 个颜色与人们观察颜色的生理结构相对应，被称为"根源色"。

  · 然后，红色和白色混合出"粉色"，红色和黄色混合出"橙色"，以此类推，再将根源混合产生 5 种派生颜色的分类。

  · 最终，在工业化发达的国家的语言中，由这 6 种根源色加上 5种派生色就形成了 11 个基本颜色。在日本，除了这 11 个词，浅蓝色和黄绿色也是至关重要的颜色词。

基本颜色词的进化阶段

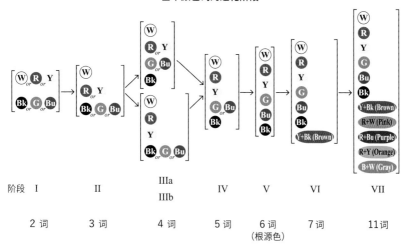

阶段 I	II	IIIa IIIb	IV	V	VI	VII
2 词	3 词	4 词	5 词	6 词 (根源色)	7 词	11 词

©JCRI 2020

Kay, P. and McDaniel, K. (1978).
"The Linguistic Significance of the Meanings of Basic Color Terms".
Language, 54(3): 610–646.

基本颜色词的标准如下。

- 单词（复合词等除外，例如，黄绿色）。
- 存在更加概括性的颜色的词语除外（例如，因为朱红属于红色，所以不能包括在内）。
- 第一词义即为颜色名称的除外（例如，黄土色）。
- 仅用于特定领域的词汇除外（例如，"金发色"仅用于描述头发，因此被排除在外）。
- 使用频率高且具有普遍性。

073

036

记忆色与颜色记忆

记忆中的颜色与实际的颜色略有偏差，但却是评价颜色时的基准

- ○ 提到"香蕉"，你脑海里就会浮现出相应的颜色，人们对于一个物体所感知的典型颜色被称为"记忆色"。

- ○ 通常记忆色与实际的颜色相比，颜色特征会被强化，因而显得更鲜艳、更明亮。而且，树叶、生菜、青椒等食用性植物的色调实际上是黄绿色的，但是在记忆中其色相往往更偏向植物的绿色。

- ○ 购买电视时，画面中出现的人物的面部颜色往往是决定性的因素。人们会搜寻着记忆中的美丽肤色，来评估电视色彩的美感。然而，面部的记忆色远比实际要白净得多，会向理想中的肤色偏移。

- ○ 另一方面，我们看到一张彩色的纸，过一段时间后又回想起来，这种情况叫作"颜色记忆"。与记忆色相同，颜色记忆也有向比本来的颜色更加鲜艳的方向偏移的倾向。但是，如果是黄绿色的纸，就不会像树叶的记忆色那样，整个色相都严重偏向绿色。

- ○ 眼前的颜色，是与迄今为止看过的颜色在心中形成的色板对比而被评估出来的。

参看　[034 彩虹是七色的吗?]

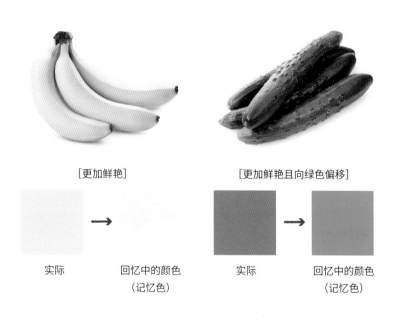

[更加鲜艳]　　　　　　　　　　　　[更加鲜艳且向绿色偏移]

实际　　　回忆中的颜色　　　　　实际　　　回忆中的颜色
　　　　　（记忆色）　　　　　　　　　　　　（记忆色）

与实际颜色相比，记忆色会更加鲜艳，因为大脑就是如此认知的。

037

婴儿也能区分颜色

即使无法说出词汇，但婴儿也与大人一样，可以区分基本颜色

- ○ 出生 4 个月的婴儿也跟大人一样，可以将颜色分类为 4 个基本色（红、黄、绿、蓝）。

- ○ 婴儿对这四种颜色的区分，与大人看不同波长的单色光时所回答的红、黄、绿、蓝是相同的。区分这四种颜色的能力在婴儿时期已经形成，直到长大成人都不会改变。

- ○ 在这四种颜色中，对红色和绿色这组补色的辨别能力形成得更早一些，出生两个月后便可以区分，对黄色和蓝色的区分能力在三四个月大的时候可以养成。

- ○ 婴儿在观察颜色时的脑血流反应可以证实，5 ～ 7 个月大的婴儿可以分辨蓝色和绿色，长到七八个月大的时候，便能够区分金色和土黄色的差异。

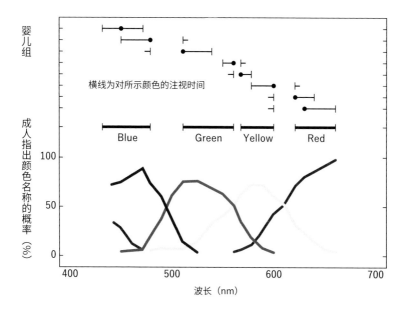

横线为对所示颜色的注视时间

根据下条信辅的著作《目光的诞生——婴儿学科革命 新版》(新曜社)和日本色彩研究所编著出版的《新版色彩幻灯集》（日本色彩研究所）绘制。

横线为对所示颜色的注视时间。根据调查，持续让同一颜色出现、消失，当颜色发生少许改变时，婴儿如果认定是同一颜色便不再看，但如果感觉是其他颜色，就会再次看向这个颜色。

038

斯特鲁普效应

如果颜色和词义不匹配，会产生不和谐感和压力

○ 用绿色墨水书写的"红色"二字很难被理解。说出那个文字的墨水颜色（正确答案是"绿色"），将变得困难且耗时。

○ 这是心理学家 J. R. 斯特鲁普在 1935 年以"斯特鲁普效应"之名提出的观点。另外，在上面的例子中，读出"红色"二字的读音也多少变得有点儿困难，这被称为"反向斯特鲁普效应"。

○ 如果看到的两种信息不一致，信息处理的过程中就会引起冲突，从而产生不和谐感、不快感和压力。

○ 如果从带有蓝色标识的水龙头里流出热水、遥控器上 STOP 的按钮是绿色的、浅粉色包装里的点心吃起来是咸辣口味的，用户就会感到非常困惑。

○ 为了不产生斯特鲁普效应，传达的含义和图像就要使用对应的颜色。

请大声说出下列文字的颜色。

绿色　　　蓝色

红色　　　**黄色**

香蕉　　　**青蛙**

大海　　　苹果

正如用蓝色书写的"香蕉"二字，如果书写的颜色与对象的典型颜色存在偏差，那么文字和含义都会变得难以理解。

039

暖色与冷色

热腾腾的大阪烧使用红色的菜单，冰凉的刨冰使用蓝色的菜单

○ 红色、橙色、黄色等波长较长的颜色给人以温暖的印象，被称作"暖色"；蓝色、蓝绿色、蓝紫色等波长较短的颜色则给人冰冷的印象，被称作"冷色"。

○ 色彩的冷暖感很大程度上是被色相定义的，但也会受明度、饱和度的影响。饱和度及明度高的明亮的颜色会给人温暖的感觉。如果降低饱和度或明度，即使是暖色系的颜色也几乎无法让人感到温暖。

○ 暖色会产生温暖的感觉，由此引申出开朗、亲近、柔软、感性、华美、外向等意象；冷色会产生冷静、沉静、值得信赖等印象。

○ 暖色系的室内可以增加人们的生理活动，加快时间流逝的感觉。因此，暖色系常用于想要增加翻台率、营造明快印象的餐饮店。

○ 而警察、警卫员的制服多为蓝色，是因为蓝色可以给人诚实和值得信赖的感觉。

参看 [046 色彩印象结构]

房间内的暖色营造出活泼的印象，而冷色营造出凉爽的印象，并且，颜色还会影响人的情绪。上图中暖色系的浴室给人愉快、温暖的感觉，而冷色系的浴室则让人的冷静，疲劳感也得到了纾解。

040

重的颜色与轻的颜色

颜色也有重量，而且物体在视觉上的轻重感是可以改变的

○ 根据颜色的不同，轻重感看起来也会发生变化。明度对物体的视觉重量有强烈的影响，越明亮的颜色看上去越轻，而深色看起来则更重。

○ 如果天花板使用深色，会让人感到快要掉下来了，沉重而有压迫感，所以人们通常会选用与白色相近的浅色作为天花板的颜色。为了给人带来稳定感，可以上方使用明亮、轻盈的颜色，下方使用深色（重色）搭配。相反，在着装方面采用上深下浅的配色，可以让人感到动感十足。

○ 快递用的纸箱子使用白色或浅褐色是因为显得重量较轻。而且，这两种颜色比起其他颜色更容易给人洁净的感觉，且易被弄脏，因此或许还暗示了"请小心谨慎地对待它"的含义。

○ 高速列车和飞机选用了显得轻盈且具有速度感的白色，排球鞋也因为多用于跳跃，而选用具有轻盈感的白色。

○ 相同款式的白色、黑色两个书包，白色的书包看起来显得很轻，但实际掂起来可能会感觉更重，通常认为这是由于与预期之间存在落差而导致的。

参看 [046 色彩印象结构]

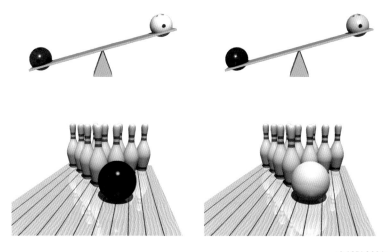

左图中的黑色球看起来更重、更有力量感，似乎可以将球瓶全部击倒，而同样路径的白球却因为显得更轻，似乎会在碰到球瓶时被弹回来。

041

前进色与后退色

当改变颜色时，与物体之间的距离看起来也发生了变化

○ 放置在相同位置的物体，当颜色改变时，距离感也会随之改变。一般来说，红色、橙色、黄色的物体或光，比蓝色、紫色看起来更近。

○ 我们将视觉上感觉更近的颜色称为"前进色"；将感觉更远的颜色称为"后退色"。颜色与视觉上的距离感有以下两种倾向。

· 暖色比冷色看起来更靠近观察者。

· 浅色比深色看起来更靠近观察者。

○ 如果小房间的天花板、大面积的墙纸和窗帘等物使用暖色、亮色等前进色，会让人感到压迫，房间也显得更狭小。为了让房间看起来更宽敞，最好选用浅色、冷色等后退色。

○ 至于距离感发生变化的原因，曾有一种说法认为，对焦的位置根据光的波长不同，在视网膜表面前后移动（色差理论）。之后，通过试验证明，在晶状体特性相同的情况下，如果色觉发生异常，那么对红色和绿色所感知的距离感不会发生变化，这一结论推翻了上述理论，真实的原因至今尚未明确。

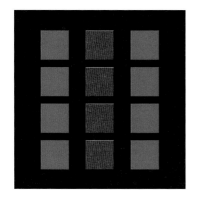
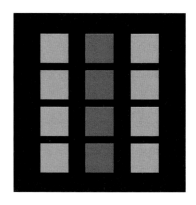

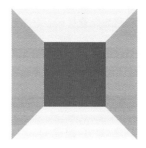

也有研究称，在黑色背景下，红色比蓝色看起来更近，而有更多的人在白色
背景下看蓝色的物体更近。背景和图像的明度对比差异大的图案，容易显得
更近。

042

膨胀色与收缩色

大小不止取决于物理尺寸，颜色的明暗也会改变物体的视觉大小

○ 即使物体的形状和大小相同，如果颜色不同，视觉上的大小也会发生变化。视觉效果比实际大的颜色被称为"膨胀色"；视觉效果显小的颜色被称为"收缩色"。

○ 视觉上显大的是明度高（亮）的颜色，而明度低（暗）的颜色则看起来更小。视觉效果最大的是白色，最小的是黑色。彩色也是如此，浅粉色看起来比暗红色大，天蓝色看起来比深蓝色大。

○ 被深色包围的颜色会显得更大，而被浅色包围的颜色会显得更小。

○ 穿浅色衣服会显胖，穿深色衣服就会显瘦。但是，胖人穿黑色衣服还可能会增加重量感，所以，黑色衣服的显瘦效果也未必会有效发挥作用。

○ 如果天花板和墙壁使用浅色的墙布，地板选用白色的，那么房间看起来就会显得很宽敞。

○ 在围棋中，白色和黑色的棋子大小是不同的。如果二者尺寸相同，作为膨胀色的白色棋子就会显得比黑色棋子大，因此，白色棋子会做得小一些。

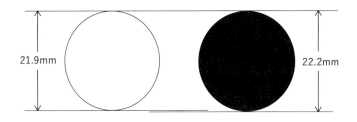

21.9mm 22.2mm

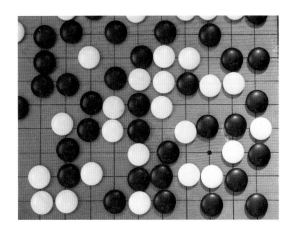

围棋棋子的标准直径为白棋子 21.9mm，黑棋子 22.2mm, 这样二者的视觉大小差不多是相等的。

043

兴奋色与沉静色

颜色具有让人情绪激动或冷静的力量

○ 能使人兴奋或者让情绪活跃的颜色叫作"兴奋色"；能让人安静下来或者沉住气的颜色叫作"沉静色"。

○ 颜色能给人兴奋感或沉静感的主要因素是其饱和度和色相。兴奋色通常是红色、橙色、黄色等鲜艳、明亮的颜色；沉静色一般是饱和度较低、色调暗淡的冷色系颜色。

○ 兴奋色是炽热的火焰和兴奋得红扑扑的脸颊；沉静色是一碧如洗的天空和池水。

○ 兴奋色适用于运动服等需要提升情绪的物品上。如果将兴奋色使用在室内，它可以营造开心和愉悦的气氛，所以常被用在儿童的游乐空间或娱乐场所等。

○ 沉静色常用于镇痛剂的包装上，它还适用于需要平静内心和集中精力的图书馆、书房、卧室等场所。自然景观中作为背景的广袤天空或草原也是沉静色的。

参看 [046 色彩印象结构]

兴奋色

沉静色

孩子们活动的游戏室更适合使用兴奋色，而用于休息的卧室则更适合沉静色。

联觉

联觉是一种感觉器官感受到刺激，其他种类的感觉也同时发生的现象

- ○ 有人在听到某个声音后，仿佛能看见声音所对应的颜色（色听联觉）。像这样当刺激一种感觉模态（如听觉）时，其他的感觉模态（如视觉）也同时出现反应，就叫作"联觉"。

- ○ 联觉有各种类型。很多人可以从黑白的文字中看出颜色来，或者在数字、星期、月份的名称上感受到颜色，除了前面列举的色听联觉，还有由痛觉感受到的颜色，由味道和香气感受到的形状等。

- ○ 以前，据说拥有联觉能力的人仅为十万分之一，但根据近年的调查显示，约 4% 的人都拥有联觉能力，在艺术家中拥有联觉能力的人尤其多。另外，也有说法称婴儿的大脑处理方式具有联觉的特征，长大后保留了这种特征的人就具有联觉能力。

- ○ 日语中用"黄色的声音"（黄色い声）这一词语来形容高音，这是利用高音和黄色的某些共同点形成的比喻表达方式，不属于联觉。

- ○ 颜色中的暖色和冷色，分别给人以柔软和坚硬的联觉印象。

彩色字示例

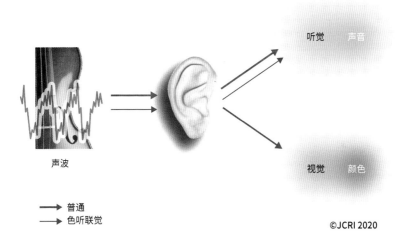

听觉　声音

视觉　颜色

声波

→ 普通
→ 色听联觉

©JCRI 2020

文字与颜色之间的对应关系因人而异，但如果是同一个人，从小到大都不会发生改变。

045

多感官知觉

颜色具有可以唤起其他五感的力量，该效应被有效活用于设计领域

○ 当你咬柠檬时，你可以整体地感知它的黄色、酸味、香气、口感等，确认这就是柠檬。诸如此类，不同的感官接收到的刺激在大脑中进行整合，就叫作"多感官知觉"。

○ 颜色虽然属于视觉信息，但是通过多感官知觉，会产生味道与颜色、香味与颜色、触感与颜色等多种对应知觉。

○ 看到黄色能够联想到柠檬，随即感受到酸味。从红色中似乎能够感受到火焰的炽热，从深粉色中仿佛可以嗅到玫瑰的芳香。

○ 食品包装的配色充分利用了可以联想到味觉的颜色。辣味的拉面或零食使用了能够联想起辣椒的红色，红色因此成为辣味的代表色。灰绿色多为抹茶味的，而橙色通常是橘子味的。

○ 颜色和情绪之间也有对应关系。绿色或紫色包装的浴盐通常会被宣传为有放松的功效，而红色的浴盐大部分具有发汗的作用。

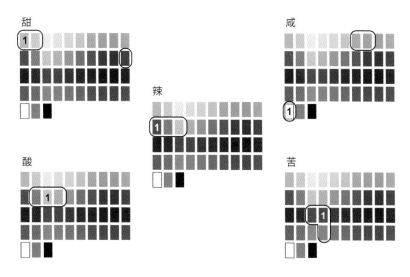

甜

咸

辣

酸

苦

©JCRI 2020

上图中，与每种味道对应的颜色，1 为选择人数最多的颜色，黑框内为选择人数较多的颜色。在欧美国家的调查中，"酸"的颜色很容易让人联想到青柠檬的黄绿色，而"咸"的颜色就比较难选择了。

046

色彩印象结构

色彩的印象从评价性、活动性、力量性三个基本维度进行评估

○ 评价性、活动性、力量性等色彩印象的基础维度的含义与颜色之间的关系如下。

① 评价性的维度：代表"是否愉快"的坐标轴，它表示"喜欢—厌恶""美丽—丑恶"等印象。评价性较高的颜色为蓝色调和绿色调的颜色，明度及饱和度越高的颜色评价性就越高。

②活动性的维度：代表"兴奋到沉静"的坐标轴，它表示温暖、鲜艳、动感等印象。"活动性"是指向外辐射的能量，如颜色的张力和跃动感等。与冷色系相比，暖色系、明度或饱和度较高的颜色活动性更高。活动性最高的颜色是鲜红色。

③力量性的维度：代表"松弛到紧张"的坐标轴，它表示重、强、硬等印象。"力量性"是指颜色内部积蓄的能量，力量性高的颜色看起来充满了力量且重而坚硬。力量性较强的颜色通常是深色，但在颜色明度较高的情况下，饱和度越高则力量性越强。

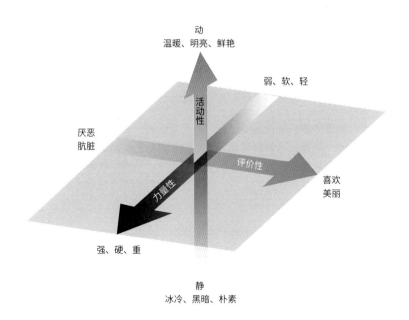

动
温暖、明亮、鲜艳

弱、软、轻

活动性

厌恶
肮脏

评价性

力量性

喜欢
美丽

强、硬、重

静
冰冷、黑暗、朴素

©JCRI 2020

颜色的视觉感知可以通过色相、明度、饱和度这三个属性来表示，而一种颜色的主观印象可以通过评价性、活动性、力量性这三个印象维度来描述。

047

被喜欢的颜色

受欢迎的颜色经常被当作企业和品牌的主色调使用

色彩感情

○ 颜色的喜好是由人类的共同倾向（例如蓝色更容易被人喜欢）、所受教育、社会影响（例如在亚洲白色更受欢迎），以及个性差异等多重因素叠加影响而成的。

○ 现代日本人对颜色的喜好有如下倾向。

- 喜欢的颜色往往取决于色调，而非色相。人们喜欢色调鲜艳、生动、明亮、浅淡的颜色，还有白色和黑色，其他色调的颜色就不太受欢迎了。在鲜艳、明亮的色调中，红色—黄色以及绿色—蓝色色相具有很高的人气，而带有黄绿色和紫色色相的颜色则不太受欢迎。

- 男性更喜欢蓝色和绿色，相比之下，女性压倒性地偏爱粉色。

- 具体到某件商品的颜色好恶，则与产品特性和流行趋势密切相关。即使再喜欢粉色，把豪华汽车喷涂成粉色也是需要勇气的；再喜欢白色，吸尘器也会尽量避免使用这种不禁脏的颜色。

参看 ［046 色彩印象结构］

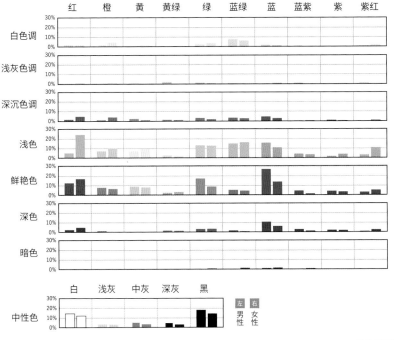

上图数据由日本色彩研究所调查(2018 年实施,东京圈居民,年龄在 20 ～ 60 岁,共计 1000 人参与)。

上面各个颜色的柱状图代表了不同性别喜欢该颜色的比例,左侧代表男性,右侧代表女性。

048

孩子喜欢的颜色

小学男生和女生对颜色的喜好大不相同

○ 现代日本小学生对颜色的喜好有如下倾向。

- 男生最喜欢的颜色是金色，特别是在低年级拥极高的人气。银色、蓝色、红色紧随其后，黑色在高年级中排名上升。如果去运动鞋专卖店就能知道哪些颜色更受欢迎。

- 男生对金色的联想，多为金钱、豪华、金牌、光辉等，闪闪发光的金色带给人们昂贵的感觉，所以他们认为这是最棒的颜色。男生喜欢金色，是出于一种单纯的欲望，想要获得那些东西或那种感觉。

- 小学低年级女生最喜欢的是浅蓝色，比起粉色，她们更喜欢浅蓝色和浅紫色。在五颜六色的书包品类中，采用这些颜色的商品越来越多。

- 选择粉色是因为粉色代表着"可爱"和"少女感"，而选择浅蓝色和浅紫色则是因为它们代表着冷静、温柔和成熟。这是一种告别孩子气的粉色，向大人的成熟颜色过渡的表现。把颜色当作展示自我的途径来对待，女生在这方面也表现得很成熟。

参看 ［047 被喜欢的颜色］

日本中小学生喜欢的颜色 TOP 7 及所占比例（%）

[男生]

	小学 2 年级	小学 5 年级	中学 2 年级
1	金 (63.5)	金 (33.2)	蓝 (25.9)
2	银 (40.8)	蓝 (28.3)	黑 (22.1)
3	蓝 (25.0)	银 (23.4)	红 (21.6)
4	红 (13.5)	黑 (21.3)	金 (13.4)
5	紫 (9.4)	红 (20.0)	黄 (12.9)
6	黑 (8.8)	绿 (9.3)	银 (11.8)
7	绿 (7.5)	黄 (9.2)	白 (9.2)

[女生]

	小学 2 年级	小学 5 年级	中学 2 年级
1	浅蓝 (40.8)	黄 (31.7)	浅紫红 (20.8)
2	粉 (20.0)	浅蓝 (27.7)	黄 (20.2)
3	奶油 (19.8)	粉 (21.8)	紫红 (14.2)
4	金 (18.6)	橙 (20.1)	浅蓝绿 (14.2)
5	红 (16.3)	黄绿 (18.7)	蓝 (12.2)
6	黄 (13.3)	浅绿 (13.8)	黑 (12.0)
7	银 (12.0)	黑 (12.5)	浅蓝 (12.0)

日本色彩研究所调查（2014 年）

©JCRI 2020

上图数据由日本色彩研究所调查（2014 年实施，在日本的 4 个城市开展）。

让孩子们从 21 色色彩图表中选出两个喜欢的颜色，上图显示的是每种颜色被选择的比例。

049

被讨厌的颜色

**有很多单看颜色不受欢迎，但如果用在具体产品上也会被
喜欢的颜色**

○ 现代日本人讨厌的颜色有如下倾向。

- 在人们讨厌的颜色中，男女并没有很大差别。总体来说，明度较
  低、略显浑浊的暖色容易被嫌弃。在最不受欢迎的颜色中，男性
  最不喜欢暗紫红色，女性最不喜欢深黄浑浊的橄榄色（黄褐色）。

- 在过去的调查中，橄榄色多次被选为最讨厌的颜色。对橄榄色的
  联想往往包含污浊、腐败和污秽等负面印象。

- 讨厌的颜色在排名上的人数占比没有那么大的差异，而且不像受
  欢迎的颜色那样集中，相对比较分散。

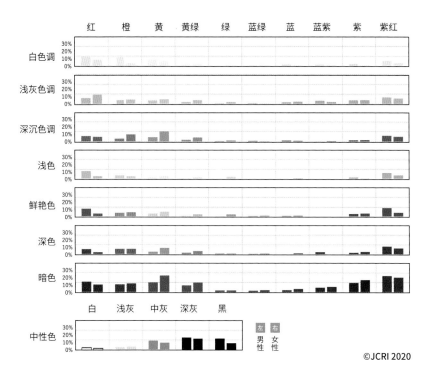

上图数据由日本色彩研究所调查（2018 年实施，东京圈居民，年龄在 20 ～ 60 岁，共计 1000 人参与）。

上面各个颜色的柱状图代表了不同性别讨厌该颜色的比例，左侧代表男性，右侧代表女性。

050

色彩与角色

通过颜色就能知道角色的性格特点

○ 在 1975 年开播至今的电视节目《超级战队》中，成员的服装用不同的颜色加以区分。红色是队长，站在中间的位置，是一个强大、热血，但又很单纯的角色；蓝色是副队长，理性而冷静。成员的代表色就是由此引申出来的。

○ 滨田广介的童话《红鬼的眼泪》中出场的角色也是如此，红鬼感性，而蓝鬼理性。在歌舞伎中，演员也会将脸涂白后通过脸谱的颜色来表示角色的身份。红色代表勇敢、正义、强大的角色；蓝色代表没有流淌着红色的血液，因此冷酷无情的角色；棕色则代表妖魔鬼怪等令人害怕的角色。

○ 15 世纪以后，圣母玛利亚都被描绘为身着蓝色斗篷搭配贴身的红色衣物的形象，而背叛了耶稣基督的犹大，则被描绘为穿着黄色衣服的形象。

○ 在近年的作品中也是如此，红色能让人想起《超级马里奥》中的马里奥或《机动战士高达》中的夏亚，蓝色让人想起哆啦A梦，黄色让人想起皮卡丘，绿色让人想起怪物史莱克或者绿巨人浩克，通过颜色就能分辨每个角色。

参看　[051 东京塔的红]

视觉后像中红色的对比色是绿色（或蓝绿色），但是在角色形象中红色的反义词是蓝色。

051

东京塔的红

原本是为了提高安全性的颜色，却成为能带给人力量的颜色

○ 东京塔并不是红色和白色相间的。如果晴天时在近处观察，就会发现其实东京塔采用的是橙白配色。

○ 这个橙色是高层建筑物出于安全的目的而必须使用的颜色，被称为"国际橙色"，也常用于救援队的制服等。

○ 如果从稍远的地方看东京塔，由于受到大气的影响，加上看起来的尺寸变小了，于是就像是红色的。另外，在人们的记忆中东京塔的颜色也偏向红色。

○ 实际上，东京塔最初是以银色来设计的。为了确保安全，便于飞机识别，才改为了橙白配色。

○ 在东京以灰色调为主的高大建筑群的背景衬托下，公园青翠的绿地中高高耸立着这座充满力量的"昭和英雄"（东京塔），这个颜色也与那强有力的形象更为相称。

[020 色彩的面积效果]　[036 记忆色与颜色记忆]　[050 色彩与角色]

参看　[065 色彩诱目性]

东京塔在颜色和质感上均与周围的绿地形成鲜明对比，给市中心的景观带来一种动态的和谐感。颜色如鸟居一般的东京塔仿佛可以防止灾厄，也能带给人们活力。

052

颜色或形状，你更关注哪个

颜色对应感性，形状对应理性

色彩感情

○ 当看到一个物品时，有的人会关注颜色，有的人会关注形状。前者被称为"色彩型"，后者被称为"形态型"。

○ 一般来说，人在 6 岁以前，被颜色吸引的色彩型占大多数，而在 6 岁之后形态型开始占据上风。有研究表明，与女性相比，通常男性会更优先关注形状。

○ 德国精神病学专家恩斯特·克雷奇默曾指出，色彩型的人在性情上有躁郁倾向，而形态型的人在性情上有精神分裂的倾向。

○ 色彩型的人比较情绪化，善交际、较开放、让人感到温暖，且拥有孩童般的纯真，现实而又乐于助人，喜欢新鲜事物；而形态型的人则被认为偏理性，不善交际、腼腆、敏感而有点神经质的同时，也有迟钝的一面，偏孤僻、认真、自私，但又爱幻想。

○ 与形状相比，颜色属于情绪性的刺激，而文字或图形之类的形状是需要经过学习的逻辑性更强的刺激，可以理解为是人们更容易注意到与自己性情相吻合的刺激。

与此相同或近似的图形是哪一个？

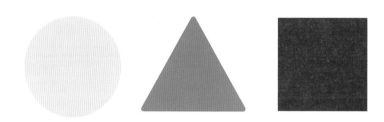

选择蓝色三角形的人更关注形状合适，选择红色正方形的人则更关注颜色的匹配，在实际的测试中会使用更为复杂的图形。

053

通用色彩设计

考虑到色彩识别的多样性，我们努力向尽可能多的人传递信息

○ 有相当多的人因为遗传、伤病等原因，对特定的颜色组合难以分辨。在日本，男性大约每 20 人中有 1 人（约占 5%），女性大约每 500 人中有 1 人（约占 0.2%）属于此类人群。白人男性的这一比例更高，占 8% ～ 10%，黑人男性为 2% ～ 4%。

○ 另外，虽然我们平时不会注意，但对颜色的识别随着年龄的增长也会发生变化。因为上年纪后，眼睛的晶状体会逐渐变为黄褐色。

○ 由于心理原因，我们对颜色的识别也会发生改变。

○ 由于色彩识别的多样性，有些颜色组合可能会出现无法表达、难以区分和可读性差等问题，导致信息无法充分传递。

○ 每个人识别出的色彩并不相同。考虑到色觉特征的多样性，选用绝大多数人能够理解的色彩搭配，我们称为"通用色彩设计"。不借助颜色、文字、大小等因素也可以加以运用。

参看 ［054 年龄增长与视觉变化］［055 由色觉特性产生的难以区分的颜色］

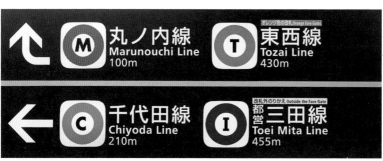

使用不同颜色进行区分，让线路图变得更容易看懂。但是，有的线路使用了某些色觉特性难以区分的颜色，因此，除了使用颜色，还标注了表示线路的字母。

054

年龄增长与视觉变化

随着年龄的增长，我们会越来越难看到蓝色的光，并且苦于处在眩光或昏暗的地方

○ 年龄越大，眼睛里的晶状体会越黄，进而逐渐变为棕褐色（晶状体黄变）。因此，蓝色的光会被晶状体吸收，从而无法传递到感知颜色的视网膜细胞上。

○ 年龄越大，蓝色与黑色、白色与黄色逐渐难以区分，紫红色、蓝紫色之间细微的色差也变得无法分辨。所以，上岁数的人会把蓝色和黑色的袜子搞混，也很难看见燃气灶中的蓝色火焰。

○ 年龄越大的人，在昏暗的地方也将变得很难看清东西。这是因为当处在黑暗的环境中，眼睛的中央用来吸收光的小孔（瞳孔）无法像年轻人那样放大了。

○ 到了高龄，大部分人都会患有白内障，所以会感到强烈的眩光，看图片和文字时会变得模糊不清，对细节和对比的把握也越发困难。

○ 为了解决视觉上的问题，需要考虑将显示的内容放大，注意选择文字的字体，增加明暗对比，不要在需要识别的地方使用蓝黑配色，还要考虑照明的位置等因素。

参看 [053 通用色彩设计]

年纪大的人会很难分辨蓝色和黑色，偶尔会出现蓝色和黑色的袜子各穿一只的情况。另外，也有因看不清燃气灶中的蓝色火焰，导致烧到衣服，甚至造成烧伤的情况，这点需要特别注意。

055

由色觉特性产生的难以区分的颜色

难以区分的颜色之间存在系统性的联系

○ 我们之所以能够区分颜色，是因为我们有对光的波长产生不同程度反应的 3 种视锥细胞。如果其中任意一种细胞由于遗传、伤病等原因导致缺陷或发育不良，就会产生难以区分颜色组合的问题。

○ 这种特殊的色觉特性分为 3 种类型，我们称其为"1 型色觉"、"2 型色觉"和"3 型色觉"，"3 型色觉"非常罕见。另外，即使是有同类型色觉特性的人，区分颜色的难易程度也存在差异。

○ 1 型和 2 型色觉的人难以区分的颜色组合比较相似，例如，红色和绿色、橙色和黄绿色、棕色和深绿色、蓝色和紫色，以及灰色、绿色、浅蓝色和粉色等。另外，1 型色觉的人对红色不敏感，很难区分红色和黑色，也不太能看见红色的激光点，在阅读发光的红色文字时也存在困难。

○ 当使用颜色作为识别的线索时，应尽量避免使用这些难以区分的颜色组合。另外，稍微改变色相就有可能使颜色变得容易区分，因此需要进行细致的研究。

○ 在研究过程中，可以使用色彩模拟软件或模拟眼镜，还可以向有相关色觉特性的人征求意见。

参看 ［053 通用色彩设计］［068 安全色］

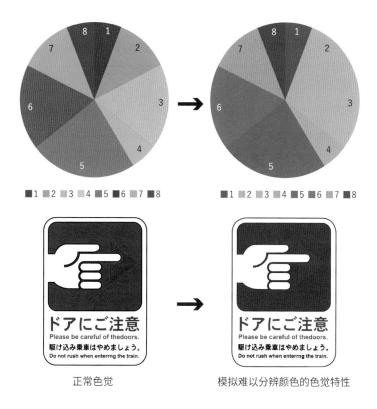

正常色觉　　　　　　　　　　　　模拟难以分辨颜色的色觉特性

以日本色彩研究所色彩检定协会编写的《色彩检定®官方教材 UC 级》为参考绘制此图。

本页上图：该饼图使用了某些色觉特性对人来说难以区分的颜色，以至于不容易读懂。

本页下图：1 型色觉的人看不清指尖的红色三角形，而且红字"ドアにご注意"（当心夹手）想要引起人们注意的效果也被减弱了。

056

色彩调和理论

色彩的通用原则

○ 关于颜色与颜色之间的关系的美学原则（色彩调和理论），自古希腊时期起，在西方就有不计其数的哲学家、画家、科学家、设计师前赴后继地进行探究。

○ 这不是配色的技巧，而是对颜色与颜色之间的美学关系所进行的理性思考。在色彩调和理论中有如下几个要点。

· "调和"的词源是希腊和罗马神话中代表和谐与协调的女神哈耳摩尼亚，她是战神玛尔斯和爱与美的女神阿佛洛狄忒的女儿。"调和"是由"相对"产生的。

· 在混色和后像中可以发现调和，例如混合后会成为无彩色的颜色组合，或者某个颜色与其后像搭配的颜色组合，像这类色彩感觉完全相反的颜色，可以取得很好的平衡。

· 调和等于秩序。

· 调和在自然中流露。

· 调和分不同类型。

参看 ［057 秩序原则］［058 熟悉原则］［059 相似原则］［060 清晰原则］

114

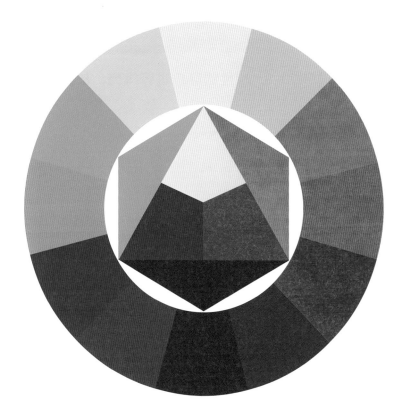

伊顿色相环

伊顿色相环是由在包豪斯讲授色彩理论课程的艺术家、教育家约翰内斯·伊顿创作的。将一次色（原色，红、黄、蓝）混合，就会产生二次色（间色，橙、紫、绿），再将二次色与一次色混合就能得到三次色（复色）的 6 种颜色，这就形成了伊顿色相环。处于正对位置的互补色，还有处在几何学位置上的颜色，互相之间的表现力是均衡且协调的。

057

秩序原则

从色彩空间中挑选规则性的颜色进行排列，从而建立调和

○ 20 世纪，美国色彩学家 D.B. 贾德对过去与色彩调和有关的大量论述进行整理，总结出四项原则。

- 第一项为秩序原则。秩序原则是指存在一定秩序的颜色的搭配是调和的。最具代表性的是由德国的威廉·奥斯特瓦尔德提出的色彩调和论。

- 表示色彩的颜色系统，是将色彩的视觉呈现（色相、明度、饱和度等），以及由三原色以不同比例混合所产生的颜色成体系地进行排列的产物，由此形成了一个贴近人类感官知觉的色彩空间。

- 根据秩序原则，调和的颜色是处在这类系统排列的色彩空间中相反、三角形或直线等几何学位置上的颜色。只要选择这类关系的颜色就被认为是调和的。

- 还有其他三种原则，分别是熟悉原则、相似原则、清晰原则。

参看 [056 色彩调和理论]

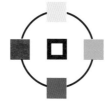

六色调和配色（Hexads）

有多种几何排列方法可以用于从色彩空间中选取有秩序的配色。六色调和配色（Hexads）可以将色相环 6 等分取出 6 种颜色，也可以将色相环四等分得到红、黄、绿、蓝，再加上黑、白形成 6 种颜色，就像上图中这片彩色玻璃中使用的颜色。

058

熟悉原则

从提炼于大自然和世界名画的颜色样本中选取颜色来建立调和

○ 人类在漫长岁月中耳濡目染的颜色搭配是调和的。

○ 调和的颜色存在于大自然中，正如夕阳西下呈现的渐变色彩、光影交错间在树叶上留下的颜色、鸟羽虫甲上五彩斑斓的丰富色彩、覆盖在薄雪下的山林呈现的微妙色彩等。

○ 画家和匠人创造出和谐的美丽颜色。达·芬奇使用被称作"Sfumato"的晕涂法，将阴影和深色调的部分描绘出微妙的层次变化。

○ 日本传统染色技法中，也有将染料由浓转淡逐渐晕染开的上浓下淡的染色法，以及通过层涂使颜色由浅变深的上淡下浓的染色法。

○ 仔细观察大自然创造的景色或生物，还有人类审美所创作出的颜色样本吧，这是由大自然和杰出的先人为我们创造的调和的色板。

参看　[056 色彩调和理论]

晚霞的渐变色是一道亮丽的风景线。天空和云彩呈现蓝、紫、红、粉、橙、黄等色彩。或许我们早已司空见惯，但实际上它的色调是十分复杂的。

059

相似原则

使颜色带有相同的元素从而建立调和

配色、设计

○ 法国化学家 M.E. 谢弗勒尔曾指出，色彩调和分两种类型：相似调和与对比调和。

○ 相似调和是指使搭配的颜色具有某种共性或相似性，从而建立调和。

○ 深浅不同的蓝色，或者黄色和黄绿色这样色相相近的颜色组合，都是相似调和的。此外，把色调统一调整为粉色调等浅色调的配色，也属于这种类型。

○ 再者，即使是两种对比强烈的颜色，当分别少量混入同一种颜色后，也会产生共性，从而达到调和。沐浴在夕阳中的景色，或者笼罩在薄雾中的景色，之所以让人感到和谐也是出于这个原因。

○ 黄色中既有温暖的金黄色，也有冷感的柠檬黄。其他的基本色或肤色等也都带有中性、暖色、冷色这样细微的差别。

○ 冷白肤色的人使用同样冷色调的化妆品会显得更自然，像这样个性化色彩的用法属于这一原则的延伸。

参看 ［056 色彩调和理论］［061 色相统一］［062 色调统一］

统一使用了红砖屋顶的德国街道，让人感觉非常和谐。人们根据当地材料和
工艺特性创造出这样的红褐色屋顶配白墙的建筑物。以这两种颜色为基调的
景观产生了调和的美感。

060

清晰原则

避免通过模棱两可的关系来建立调和

○ 有一种造成颜色不调和的原因，是颜色与颜色之间含混不清。

○ 相似调和产生"融合"的效果，而对比调和产生"突出"的效果。但是，如果配色想要达到哪种效果的意图不够明确，就会变得不调和。

○ 原词为"不清晰原则"，但我们通常称其为"清晰原则"。例如，我们在选择藏青色系的上衣和裤子时，如果存在一点细微的色差，那么搭配起来就会显得很不协调。当汽车替换上崭新的配件时，与原先由于受到日光照射而褪色的部件之间的色差同样令人不快。

○ 本书第 57 节至 60 节的色彩调和理论是 D.B. 贾德综合了各种各样的研究论述所做出的总结，但各项原则之间也会出现相互矛盾的情况。

○ 要达到实际的色彩调和感，是一个涉及色彩面积比、形状、配色方案、设计理念等多个方面的复杂问题。

参看 [056 色彩调和理论]

虽然同为蓝色系，但如果上衣和裤子的颜色存在一些细微的差别，就会让人感到不协调。如果是精心设计过的微妙配色就是美的，如果被当作是没有任何意图的单纯色差，对其的评价就会变差。

061

色相统一

统一色相，改变色调——使颜色更统一的配色

○ 颜色可以通过色相和色调的搭配进行分类和整理。

○ 色相统一配色是指使用相同或相近的色相，通过改变明度或饱和度使色调产生变化。

○ 三维物体即使是单色的，也会因为物体表面的起伏及光线的照射呈现明暗变化。我们也经常在染色的布料上看到同一颜色的深浅变化。

○ 色相统一的配色在日常生活中很常见，容易营造出自然、一致的感觉。

○ 这类配色带给人的印象往往是由色相本身的印象决定的。暖色会给人温暖的感觉，而冷色会给人冰冷的印象，暖色系的高饱和度颜色会产生兴奋感，冷色系的中低饱和度颜色则可以营造沉静的气氛。需要注意的是，即使是相同的颜色，不同的色调带给人的印象也是不同的。

参看 ［039 暖色与冷色］［043 兴奋色与沉静色］

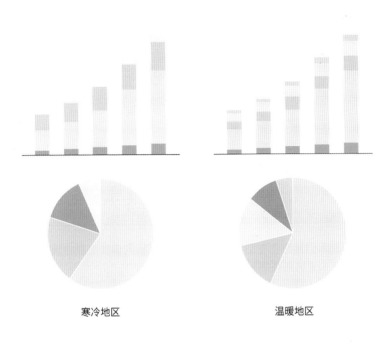

寒冷地区　　　　　　　　　温暖地区

上图分别为寒冷地区和温暖地区的商品销售额的图表，将地区的气温特点与色相的温度感相结合，呈现的内容让人更容易理解。

062

色调统一

统一色调——使印象更加统一的配色

配色、设计

○ 色调统一配色是指将相同色调的不同颜色组合在一起。

○ 当色相不同的颜色搭配在一起时，可以通过统一色调使配色产生调和的感觉。

○ 色调是人们从颜色中感受到的调性。使用相同调性的颜色进行搭配，可以让人更强烈地感受到该色调给人的印象。

○ 例如，如果从浅色调的颜色中挑选出浅粉色、黄色、浅蓝色，并排列在一起，就能让人感受到浅色调具有的可爱、温柔的印象。

○ 再如，同一件商品的颜色列表，通常都是色调一致的几种不同的颜色。上述列举的浅色调的颜色就常见于婴儿服装的产品色卡中。

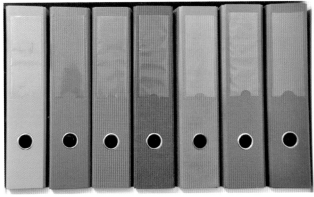

本页上图：毛巾等产品为了营造柔软、温和的印象，多使用浅色调的颜色。
本页下图：办公用品为了更加醒目且便于识别，通常会使用活泼色调的颜色。

063

色相的自然序列

越接近黄色越明亮

配色、设计

○ 将相近的颜色依次连接，所形成的圆环叫作"色相环"。从亮度来看，黄色亮度最高，随着逐渐远离它，无论是向红色的方向转，还是向绿色的方向转，最终都会向蓝紫色的方向逐渐变暗。

○ 色相与明度之间的这种关系称作"色相的自然序列"。

○ 无论是鲜艳的色调、灰暗的色调，还是浅淡的色调，这种关系均可成立。在任何色调中，黄色始终是最明亮的，越远离黄色的颜色越暗。

○ 色相与明度之间的这种关系，在自然景观中也可以看到。春天里的新芽呈明亮的黄绿色，进入夏季就会变成深绿色。同一片绿叶，向阳的部分呈明亮的黄色，而背阴的部分带有深沉的蓝色调。

○ 色相相近的颜色组合，或者色相逐渐改变的渐变色，色相越接近黄色则越明亮，这是自然法则。

参看　[064 自然调和 / 复杂调和]

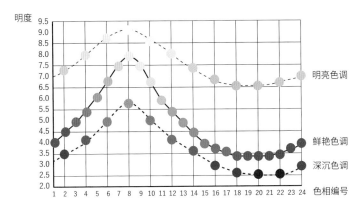

明度

9.5
9.0
8.5
8.0
7.5
7.0
6.5
6.0
5.5
5.0
4.5
4.0
3.5
3.0
2.5
2.0

色相编号
1 2 3 4 5 6 7 8 9 10 11 12 13 14 15 16 17 18 19 20 21 22 23 24

明亮色调
鲜艳色调
深沉色调

ADEC 色彩检定委员会编著的《色彩大师 基础篇》（ADEC 出版社）。

本页上图：黄绿色的嫩叶到了夏天会变成深绿色。另外，向阳面的叶片看起来呈明亮的黄色调，而背阴面的叶片看起来带有深沉的蓝色调。

本页下图：无论哪种色调，黄色总是最明亮的。随着色相的改变，明度也会发生变化。

129

064

自然调和 / 复杂调和

遵循自然的法则，还是反其道而行之

○ 当颜色组合的色相相近时，如果更接近黄色的那种颜色更亮，可以与色相的自然序列保持一致，这种配色被称为"自然调和"。

○ 相反，如果接近黄色的那种颜色更暗，这样的配色在自然界不是很常见，被称为"复杂调和"。

○ 自然调和的配色适用于需要营造轻松、自然之感的空间，或者简单、通透又正统的设计，如长时间所处的居室等。

○ 复杂和谐的配色则常用于不会长时间停留的空间，或者追求新奇、有趣的设计，如商业设施、时尚搭配等。

自然调和的示例（取材于自然景观）

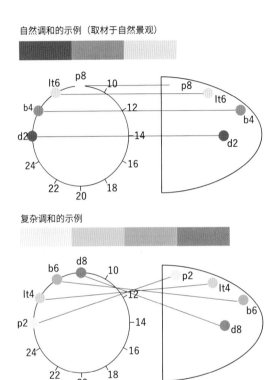

复杂调和的示例

本页上图：红叶或枯草的颜色，颜色越深，红色调越重。
本页下图：与本页上图相反，色相越接近黄色，颜色越暗。

065

色彩诱目性

颜色的改变增强了吸引目光的能力

○ 红色的"SALE"（促销）文字、小学生戴的黄色帽子、红色的邮筒等，这些物品是通过颜色来吸引注意力的。

○ 在不指定对象的情况下，某个物体吸引目光的能力，被称为"诱目性"，也就是引人注目的程度。

○ 一般来说，颜色诱目性的高低有如下倾向：彩色高于无彩色（黑、白、灰），鲜艳的颜色高于暗淡的颜色，暖色系高于冷色系，亮色高于深色。高诱目性的颜色有鲜红色、橙色、黄色等。

○ 诱目性受背景色的影响不大，如果仅考虑物体的颜色，效果更明显。诱目性不仅是颜色的属性，也会受到如罕见的、危险的、热议的、自己想要的这类观察者的欲望或情感等心理因素影响。

参看 ［051 东京塔的红］

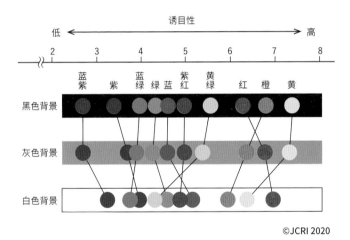

©JCRI 2020

上图为在黑色、灰色、白色的背景下，分别测试鲜艳的颜色引人注目的程度的试验结果。诱目性的数值越大，则越容易引起人们的注意。可以看出，比起与背景色之间的明度关系，颜色的色相差异影响则更大，暖色系的诱目性更高。

066

色彩易认性

颜色与背景色的明度差是使颜色更容易辨认的决定性因素

○ 如果在白纸上用黑色墨水书写，字迹就会非常清晰，但如果换成深蓝色的纸，黑色的字迹就会变得难以辨认。而且，如果用黄色的字配白色背景也很难辨认，但要是置于黑色背景上就会容易识别。

○ 物体的存在和形状容易识别的程度被称为"易认性"；文字和符号容易被识别的程度被称为"可读性"。

○ 易认性是通过物体可辨认的最远距离（视认距离）或者文字的可读性得出的。

○ 易认性不是仅由物体的颜色来决定的，它很大程度上受主体颜色与背景色之间的明度差异的影响。两者的明度差越大，易认性则越高；明度差越小，易认性则越低。

○ 即使主体与背景色之间的颜色差异较大或鲜艳程度不同，但是只要明度相同，图像也是难以识别和阅读的。

参看 ［025 利布曼效应］

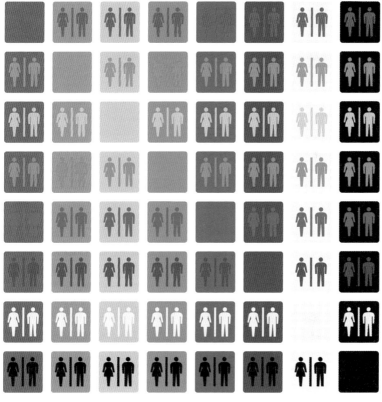

根据主体与背景的颜色搭配不同，图像容易辨认的程度（易认性）也不同。如果将上图转换为黑白图片，你会发现背景与图像之间的明度差越大，易认性越高。

135

067

用颜色管理食物

颜色是了解食材和烹饪状态的重要线索

颜色的功能性效果

○ 在饮食方面，颜色发挥着各种作用。

- 判断收获时机：为了判断柿子的收获时机而制作了比色卡，枇杷、草莓、番茄等农作物也是如此。

- 了解新鲜程度及适口时间：为了判断金枪鱼或三文鱼的肉质等级，将尾巴横截面的颜色制作成比色卡。此外，还有香蕉成熟度的颜色样本。香蕉还是绿色时很难吃，变成黄色后味道会变甜，这时就可以食用了，而如果变成了棕色，那就已经熟过头了。

- 告知加热状态：如果涮肉不会变色，我们就无法知道什么时候可以吃了。当虾和蟹的颜色变成鲜嫩的红色，看起来就很好吃。当肉饼由发红的颜色逐渐变白，再烤至棕色就可以食用了。

- 管理加工食品：为了将法式多蜜酱调配成能让客人感到美味的棕色，会通过专门的比色卡进行颜色管理。果汁、纳豆、板栗团子等食物也是如此。

用来管理豆沙面包烘焙程度的比色卡。恰到好处的烘焙，可以提高顾客对商品的满意度。

068

安全色

颜色在表示安全信息时的使用规则

○ 人们使用颜色标识来防止事故和灾害的发生，以及更好地应对紧急情况。这类以提示安全为目的的颜色是有使用规则的。

○ 法律规定的典型的安全色包括交通信号灯和道路标识的用色等。交通信号灯所使用的 3 种颜色各自的取色范围是世界通用的。

○ 在欧美国家，表示"通行"的颜色叫作 Green，使用了典型的绿色；在日本，为了让难以分辨红色和绿色的人也能轻易识别，采用了偏蓝色的绿色（在法律上记为"蓝色"）。

○ 在日本，为了确保使用安全，使用颜色的时候一般遵循的规则是 JIS 安全色。

○ JIS 安全色包含 6 种颜色。考虑到色觉多样性的问题，2018 年对安全色进行了调整和修订。为了使安全色足够醒目，还设置了白色和黑色这组对比色。使用这些颜色可以传达防火、禁止、小心警告、安全状态、指示、放射性等含义。

参看 ［055 由色觉特性产生的难以区分的颜色］

JIS Z 9103:2018 图形符号（安全色及安全标识）和安全色的色度坐标范围及检测方法

	红	橙	黄	绿	蓝	紫红
修改前						
	7.5R 4/15	2.5YR 6/14	2.5Y 8/14	10G 4/10	2.5PB 3.5/10	2.5RP 4/12
修改后						
	8.75R 5/12	5YR 6.5/14	7.5Y 8/12	5G 5.5/10	2.5PB 4.5/10	10P 4/10
颜色调整说明	1型色觉的人容易将红色误认为黑色，所以将红色向黄色靠近	由于红色与橙色较相近，所以将橙色向黄色靠近，以分开两种色相	靠近橙黄的颜色明度较低，对于1型、2型色觉的人来说难以辨认，因此去除其中的红色调，将明度略微调高	1型、2型色觉的人感受到的并非绿色而是灰色，低视力者难以将其与蓝色区分，因此，向黄色调靠近	蓝色的明度较低，很难与黑色或紫红色区分，因此在低视力者能够与绿色区分的范围内，将蓝色的明度略微调高	由于2型色觉的人难以分辨绿色和灰色，在能够与蓝色做出区分的范围内，向蓝色调靠近

橙色是日本独有的颜色设置，国际通用的 ISO 标准内没有这个颜色。蓝色海面与白色浪花中漂浮的橙色救生圈，被认为在海洋安全的保护方面是卓有成效的。

069

流行色

一个时代价值观的体现

○ 流行色就是与以往相比，在市场上变得常见起来的颜色。市场占有率高的颜色自然属于流行色，即使出现频率没有那么高，但频率突然增多的颜色，也会引起人们的关注，进而成为流行色。

○ 与一个时期带有的感觉调性一致的颜色往往会很受欢迎。在倾向保守的时代，沉稳的米色、棕色等浊色系就很流行；而当社会更活泼化，呈现积极向上的态势时，明亮色调和鲜艳的颜色就流行了起来。

○ 流行色会从某类商品开始，逐渐影响到其他商品，而且往往从年轻人群体逐渐向各年龄层扩展。

○ 流行色也指对即将流行起来的颜色所做的预测和建议，它是由国际流行色委员会对世界各国提报的方案，通过研究后决定的。日本的流行色方案由日本流行色协会提出，并在实际流行季的前一年半公布。

日本流行色协会为 2020 年春夏女装选定的色彩趋势信息"JAFCA 流行色—女装"（五组颜色中的一部分）。

日本流行色协会通过对市场、社会动向、国际流行色等方面进行调研，确定了未来几年的核心主题，提出了能够表现其形象的颜色、材料、纹理等建议。

070

红色

拥有强大的力量和饱满热情的生命之色

○ 由红色联想到的火焰、血液、内脏等意象，是全世界通用的。在日本，红色也经常让人联想到太阳和苹果（在欧美国家对这两种事物的联想分别是黄色和绿色）。

○ 红色带有明亮、开朗、艳丽、热情、温暖等印象。作为在体内流淌的血液的颜色，红色可以让人感到动物身上生机勃勃的强大生命力。出于对生命的敬畏，红色常见于石窟壁画、辟邪消灾之物（如红色的鸟居、口红、红豆饭等）上。

○ 之所以红色的诱目性极高，或许是因为如果看到血就要赶紧逃走，如果是成熟的果实就可以靠近食用，红色是这种可以让人快速做出判断的重要信号。

○ 红色给人热的印象，常用于水龙头的热水标志，以及气象图中表示气温高的地方等。

○ 红色的物体在明亮的地方非常醒目，但是如果环境光稍微变暗，它会最先变得看不出颜色。如果是红光，即使光变弱，但只要还能看见，颜色看起来就是红色的（如果是其他颜色的光，颜色就会消失并显得很暗）。

参看 ［011 普肯耶现象］［046 色彩印象结构］［065 色彩诱目性］

071

绿色

生机盎然的平和之色

○ 正如"绿色"这个词本身就包含植物的意思，绿色的主要印象也与植物相重合。

○ 绿色能够让人感到叶子和藤蔓在不断生长的生命力。顺便一提，日语中有"みどりの黒髪"（绿的黑发）、"みどり児"（绿儿）等词语，其中的"绿"是形容水灵鲜嫩、生机蓬勃的样子，而非表示颜色。

○ 可以联想到树与叶的绿色，带给人们漫步草原和置身森林的舒畅与安宁的感觉，还能让人感受身心的平衡得到了调节。它不像红色那样强烈，却独有一种温和、中庸的感觉。

○ 当人们回答喜欢的颜色时，在盲选的情况下绿色名列前茅，但如果看着颜色选，那么绿色的排名就会下降。所以，与实际的绿色相比，我们印象中的绿色是被美化的。

○ 绿色的植物使人感到舒适，但是绿色的动物就会让人联想起绿色的怪物、毛毛虫或者青蛙等，这些形象通常都是不受欢迎的。

黄色

象征太阳之光的光明之色，在基督教文化中也兼有黑暗之意

颜色的含义

○ 黄色能使人联想到光、太阳和花朵等，给人以明亮的印象。

○ 黄色在古代中国代表万物的中心，在当今全世界范围内仍然带有明亮、积极的印象。另外，黄色所具有的强烈明快感，与快乐、喜悦等情绪也十分契合。

○ 但是，中世纪以后，在基督教文化中，背叛了基督的门徒犹大穿的衣服被描绘成黄色，因此黄色就也有了嫉妒、背叛、疯狂的寓意。

○ 黄色能够很好地引起人们的注意，尤其与黑色等深色搭配时效果更好，常用于"注意危险"的交通警告标志或铁路道口等处。相反，如果黄色与白色搭配则很难看清，因此必须尽量避免这样的搭配，或者把这两种颜色隔开。

○ 黄色让人联想到柠檬等柑橘系的水果，可以感受到酸味。

参看 ［045 多感官知觉］

073

蓝色

既是晴天里的清爽之色，也是黄昏时的忧郁之色

○ 蓝色是全世界最受欢迎的颜色。

○ 关于蓝色的联想几乎都是蓝天和大海，鲜有其他。但是，当天气恶劣的时候，天空和大海就不再是蓝色的，所以，蓝色代表的应该是天气晴朗时的舒适和清爽。

○ 而且，海天之蓝，触手不可及。这种抽象性与理想、梦想甚至永恒的印象完美匹配。蒂蒂尔和米蒂尔寻找的"幸福的青鸟"与这种意象十分吻合。

○ 自然界中的蓝色非常少见，而蓝色的食物也几乎没有。在古代，蓝色只能用青金石这种宝石原料表示，因此非常珍贵。

○ 如果接触到海或水会感到寒冷，因此蓝色也代表了冷静和理智。即使是同一种蓝色，一旦变得暗淡，蓝天的舒适感便藏了起来，换上了悲伤和哀愁的姿态，这就是夜色之蓝和忧郁之蓝。

参看 [047 被喜欢的颜色]

白色

一尘不染，象征纯粹的圣洁之色

○ 一提到白色，很多人会先联想到雪，其他还能列举出白云、婚纱、年糕等。在德国的民间故事《白雪公主》中，为了表现主人公白皙的皮肤和纯洁的内心，被赋予"白雪"的爱称。

○ 白色给人以明亮、洁净、安静、简单等的印象。

○ 白色是神圣的颜色。希腊神话中的飞马是白色的，在日本，神的化身或差使的动物也多为白色。白色也常用于祭祀仪式。

○ 白色带有清洁感，即使冰箱的外部颜色随流行趋势变为各种颜色，但内部始终是不变的白色。

○ 据 20 世纪的调查显示，白色在欧美国家并不那么受欢迎，反而在日、中、韩、印等亚洲国家和地区非常受欢迎。但是，根据日本最近几年的国内调查，可以看到白色已经不像过去那么受欢迎了。

075

黑色

随时代变迁背负了各种含义，多面之色

○ 在日本，黑色的使用场景及含义随着时代变迁发生了巨大的变化。

○ 在人类的潜意识中，黑色代表了对黑暗的不安和恐惧，并且与死亡关系紧密，这是超越了国家和时代的全人类的共识。

○ 在日本，黑色作为代表特殊场合的颜色，常在参加葬礼仪式时身着的礼服上使用。

○ 20 世纪 80 年代后期，在海外广受好评的黑色服装成为流行风尚，黑色也被贴上了时尚标签。之后，黑色开始出现在家居、家电等领域，引领现代风潮。现在，黑色服装成了人们常年穿搭的基础款颜色，越来越多的生活用品也开始使用黑色。

○ 黑色的基本印象有黑暗、厚重、坚硬、强大、成熟、高级等。

○ 虽然黑色在现在的日本非常流行，但在使用时仍需要考虑到不同年龄层对黑色的看法。

图形法则
Form Theory 076~150

视错觉与视觉调整

我们需要留意所看到的图形与实际之间的偏差，从而对设计进行调整

○ 日常生活中，我们感觉不到实际的世界与我们所见的世界存在偏差。我们也没有去探索其他视觉的可能性，将稳定、平衡的三维世界视为理所当然。

○ 但有时，我们会惊讶地发现实际与观察之间是存在偏差的，这就是"视错觉"。人们已经发现了大量的视错觉现象，我们也在本书前面的部分介绍过一些。

○ 考虑到这个偏差，并根据需要来调整设计，这就叫作"视觉调整"。进行视觉调整是为了使文字或 Logo 看起来更协调，大小和角度看起来更统一，整体效果看上去更平衡。

○ 在视觉调整方面，经验丰富的人和普通人对文字或 Logo 的观察方式是不同的。专家会注意到未经过视觉调整的设计，并且知道应该如何调整。而普通人对经过视觉调整的设计，不会察觉到任何不同，轻描淡写地一扫而过。但是，一旦被指出要点，并重新审视图像，就会注意到图像是经过微调的，并对此感到震惊。

参看 [087 垂直中线错觉（菲克错觉）] [088 上大下小错觉] [089 圆形看起来更小] [090 文字中的波根多夫错觉]

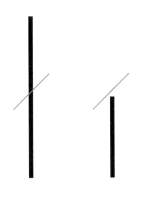

如果在认为是在正中间打上标记，往往会比实际的正中间稍稍靠上一些。

正圆
未经过视觉调整

Futura
经过视觉调整

Futura 字体中的大写 O 不是正圆的，而是经过调整的，上下线条略细，左右线条略粗。

考虑到如果用等长、等粗的线条反倒会产生粗细不同的视错觉，因此，在制作图形或字体时要进行各种视觉调整。

077

缪勒 - 莱尔错觉

画上箭头之后，线的长度看起来不同了

○ 右页上的两个图形，两条长度相同的线段，只是改变了箭头的方向，就使上面的"外向图形"线段看起来比下面的"内向图形"线段长。

○ 如果在线段的两端画上向外分开的箭头，线段就会显得长；画上朝内分开的箭头，线段就会显得短。并且，通过控制箭头开合的角度，我们所见的线段长度也会产生规律性变化，这就是"缪勒 - 莱尔错觉"。

○ 关于缪勒 - 莱尔错觉产生的根本原因有多种说法，其中一种解释称，是由于透视作用的暗示产生了视错觉。

○ 投射在视网膜上的线段长度是相等的，但如果假设外向图形的线段距离观察者较远，而内向图形的线段距离较近，那么外向图形的实际线段就会更长，而内向图形的实际线段则较短。

○ 缪勒 - 莱尔错觉的偏差程度相当大，如果充分利用，或许能够做出可以让手指和腿显得更修长的戒指或衣服。

参看 ［076 视错觉与视觉调整］［078 蓬佐错觉］

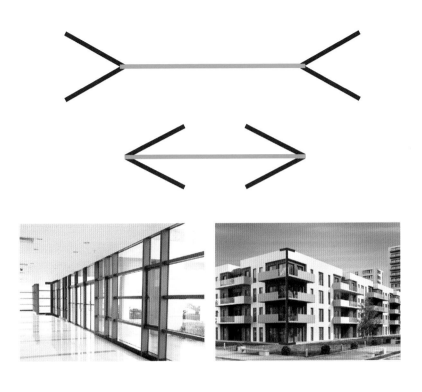

我们能够在室内墙壁的连接处（凹）发现外向图形；在建筑物外墙的连接处（凸）发现内向图形。

078

蓬佐错觉

由于汇聚线的存在，两根等长的线段看起来长度不一样了

○ 画两条交汇于一点的线，如果在这两条线的内侧放置两条等长的平行线段，这两条线段看起来会不一样长，这就是"蓬佐错觉"。

○ 有理论认为蓬佐错觉与缪勒 - 莱尔错觉一样，暗示了透视的效果。我们可以将蓬佐错觉想象成铁路，长度相等的两条铁轨落在枕木上，汇聚线与延伸至远方的铁轨相重合。

○ 假设你站在笔直的铁轨上，将相机对准铁轨延伸的方向拍一张照片。照片上，原本平行的两条铁轨延伸向远方并汇聚于一点（如右页照片所示）。当你实际观察铁轨时，投射在视网膜上的图像也是如此。

○ 投影在视网膜上的大小与距离成反比。也就是说，当上下两条线段投射在视网膜上的成像长度相等时，我们假设沿左右线条汇聚方向上的上面的线段距离我们较远，而呈扩散状的下面的线段较近，那么实际上前者较长，而后者较短。

参看 ［076 视错觉与视觉调整］［077 缪勒 - 莱尔错觉］［116 线性透视］

向上方汇聚的左右两条线，在内侧画两条上下平行的等长的线段，上面的线段看起来比下面的线段长。

079

赫尔姆霍兹正方形错觉与奥库错觉

条纹图案使宽度看上去不一样了

○ 右页上图的两个图形被称作"赫尔姆霍兹正方形",实际上这两个图形是等宽等高的两个正方形。但是,左侧横条纹的正方形看起来像是纵边长的长方形,而右侧纵条纹的正方形则看起来像横边长的长方形。

○ 这似乎与穿着竖条纹的衣服比横条纹的衣服显苗条的常识相违背。经过研究,有称穿着竖条纹的衣服更显苗条的,也有称穿着横条纹的衣服更显苗条的。

○ 右页下图叫作"奥库错觉"。实际上,最左侧与最右侧线段的正中间,是右数第二条线段。但是,最左侧的线段与右数第二条线段的间距,看起来要大于最右侧的线段到右数第二条线段。也就是说,充实的空间比空旷的空间显得更大。

参看 [076 视错觉与视觉调整] [096 显瘦的衣服]

赫尔姆霍兹正方形

奥库错觉

有人指出，赫尔姆霍兹正方形与条纹衣服的效果差异，是由于正方形是二维图形，而衣服是三维立体的，这就会产生视觉上的差异。

080

艾宾浩斯错觉与德勃夫错觉

周围的东西使圆形的大小看起来不一样了

○ 右页左上角被排列成花形的两组图像叫作"艾宾浩斯错觉"。实际上，
  处在中心的两个圆形是大小相等的，但是，左侧被几个大圆包围的圆
  形比右侧被几个小圆包围的圆形显得小。

○ 如果你想让中间的物体看起来更小，那么只需要在周围放置大一些的
  东西就可以了。

○ 与此类似，拍照时为了显脸小，将手在脸侧张开，或者佩戴大一些的
  耳环都是众所周知的很有效的技巧。

○ 右页右上角的两组双层圆形的图像叫作"德勃夫错觉"。图中位于内
  部的两个圆也是大小相等的。但是，左侧大圆中的圆形看起来比右侧
  小圆中的圆形要小。

○ 德勃夫错觉被应用于料理装盘。例如，根据身体状况，想吃但又吃不
  下的时候，如果量很少，还是有可能吃下的。在这种情况下，比起小
  盘，将食物盛放在大盘中会更好。

参看 [076 视错觉与视觉调整]

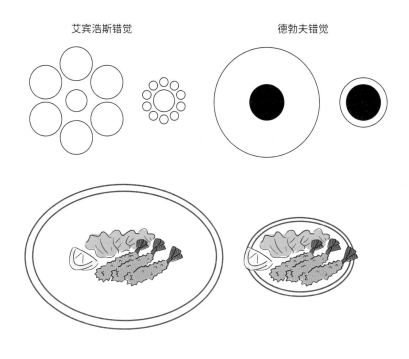

艾宾浩斯错觉   德勃夫错觉

有时我们想让食物看起来显得多一些，但有时我们又想让食物看起来显得少一些。等量的食物，如果盛放在大盘中就会显少，而盛放在小盘中则显多。

081

贾斯特罗错觉

当把扇形上下叠放时，下面的扇形显得更大

○ 如右页图片所示，类似扇形的图形上下叠放，哪个扇形看起来更大呢？这就是"贾斯特罗错觉"。或许你已经从前文中推断出来，实际上，上下两个扇形是一样大的，但是，看起来还是下面的扇形要大一些。

○ 如果你关注两个扇形连接的曲线，那么上面的扇形底边短，而下面的扇形顶边长。如果拿这一部分做比较，就会显得下面的扇形更大，这个解释很有力。

○ 如果你将图像倒置，那么这时处在上方的扇形的底边长，可以使上方的扇形看起来更大。

○ 虽然贾斯特罗错觉是作为一种几何视错觉被广为人知的，但在日常生活中也可以发现。虽然几何视错觉的对象是平面图形，但我们也可以通过身边的三维物体来感受。

参看 [076 视错觉与视觉调整]

贾斯特罗错觉

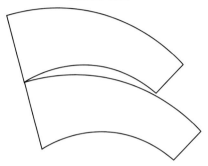

日常生活中的贾斯特罗错觉

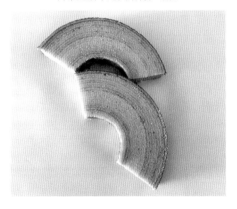

仿照线条描绘的贾斯特罗错觉示意图，将等大的两块年轮蛋糕切片上下排列，下面的蛋糕会显得更大。

082

佐尔拉错觉与波根多夫错觉

直线看起来是斜的，同一条线前后看起来是错开的

○ 佐尔拉错觉和波根多夫错觉都是平面图形的几何视错觉。

○ 右页上图为"佐尔拉错觉"示意图。横向绘制的 4 条线在物理上是平行的，但是看起来却并不平行。上数第一条和第三条横线看起来向右上方倾斜，而第二条和第四条横线看起来向右下方倾斜。各条横线与短斜线相交，根据相交的角度变化，横线的角度看起来也不一样。

○ 右页下图为"波根多夫错觉"示意图。斜线从右上方开始，经过长方形的后方，从左下方穿出。如果这条线是直线，那么右上方的线段将与左下方线段中从上数第二条的黄色线相连。然而，在我们看来，似乎从上数第一条的蓝色线段是与之相连的。也就是说，被截断为前后两部分的线段看起来上下错位了。

○ 这种错觉在我们常见的禁烟标识中也可以发现。如果用纸或者尺子等笔直的物体辅助测量，就能确认我们的视觉产生了偏差。

参看 ［076 视错觉与视觉调整］［090 文字中的波根多夫错觉］

佐尔拉错觉

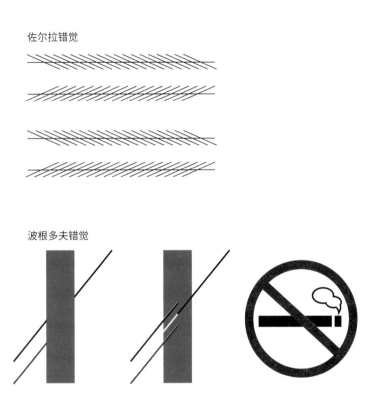

波根多夫错觉

除了禁烟标识，在大写字母 X 的交叉部分等处也能观察到波根多夫错觉。

083

黑林错觉与冯特错觉

直线看起来弯曲了

○ 右页上图为"黑林错觉"示意图。两条横线是物理上的平行线,即两条都是直线。但是,看起来并非如此,两条线看上去似乎是向外隆起的。

○ 右页中图为"冯特错觉"示意图。这两条横线也是物理上的平行线,即两条都是直线。冯特错觉的情况与黑林错觉相反,两条线看起来是向内凹进的。

○ 两者都是由于斜线的存在,使直线看起来发生了弯曲。仔细观察就会发现,在这两种错觉中,与两条横线交叉的斜线方向刚好相反。

○ 此外,还有其他直线看起来变弯曲的例子。右页下图是在一组同心圆上绘制的正方形。正方形的四条边虽然是直线,但看上去却向内侧凹陷了。我们通常称这种错觉为"爱伦斯坦错觉",但是与此不同的另外一个现象——擦除十字交点后能看见圆形的现象,也被称为"爱伦斯坦错觉"。

参看 [031 爱伦斯坦错觉与霓虹色彩效应] [076 视错觉与视觉调整]

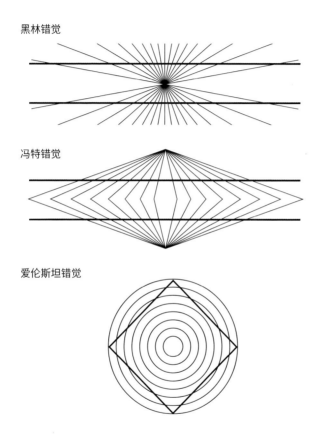

黑林错觉

冯特错觉

爱伦斯坦错觉

由于与两条横线相交的斜线的方向是左右相反的，黑林错觉与冯特错觉中的横线看起来也向相反的方向弯曲了。

084

咖啡墙错觉

墙面上一排排的瓷砖看起来似乎倾斜了

○ 右页图被命名为"咖啡墙错觉"。从图上看,灰色的线似乎倾斜了。换句话说,被灰线隔开的一行一行的图形,看起来或向左或向右呈收拢状。

○ 如果仔细观察图片就会发现,白色和黑色的四边形都是整齐排列的。横向的灰线在物理上都是平行的。

○ 咖啡墙错觉正如其名,是在咖啡厅外墙上发现的。纵观整体时,横线看起来会让人产生相互交错倾斜的错觉。

○ 与原本的咖啡厅外墙相比,右页图为了增大错觉效果进行了一些处理,但如果把白色和黑色的四边形看作瓷砖,灰线看作砖缝,那么看起来确实就像是一面咖啡厅的墙。

参看 [076 视错觉与视觉调整]

准备两张纸，将纸的边缘与两条灰线重叠，中间露出一行黑白四边形，可以看到灰线真是平行的。

谢泼德桌面错觉

将完全相同的桌面改变摆放方向，那么长宽比看起来会变得不同

○ 右页的图像被称为"谢泼德桌面错觉"。左侧的桌面看起来是纵边较长的细长方形，而右侧的桌面看起来则是长宽几乎相等的四边形。

○ 很难相信两张桌面图是完全相同的平行四边形，不同的只是它们摆放的方向相差 45°。

○ 谢泼德桌面错觉说到底只是画面上相同的平行四边形图像，与实际将同一张桌子变换角度拍摄的照片是不同的。如果是照片，纵深感就会在画面上被压缩。

○ 如果我们假设谢泼德桌面错觉的图像是照片，那么实际上桌面纵深方向的长度应该比图片显示得更长。有说法指出，正因如此，才会产生纵深方向显长的错觉。

○ 其实即使不是桌面，平行四边形线框也会发生同样的情况。画一个对角是 45°的平行四边形，将其旋转 45°后进行对比，就可以得到相同的效果。

参看 [076 视错觉与视觉调整]

复印上图，将桌面的部分裁剪下来重叠放在一起，就能确认这两个桌面完全
相同，用尺子测量也能得到相同的结果。

086

三角形分割错觉

如果播放键的三角形画在正中间，那么看起来就不在正中间

○ 播放键一般是由四边形或圆形的外框加上一个指向右侧的等边三角形组合而成的，三角形画在外框中心稍偏右的位置。

○ 如果三角形与外框物理中心对齐，三角形看起来就会偏左，所以这是经过"视觉调整"后的结果。具体来说，与外框中心重合的点并不是其横向中点，而是三角形的重心。

○ 右页展示的两种播放键，上排是圆形外框和三角形二者上下左右居中的点，即物理上的中心重合，下排是圆形外框的圆心与三角形的重心重合。

○ 同样，在竖直的三角形的纵向中点处画一个点，这个点看起来会过于靠上，反而在重心的位置画的点看起来更像是纵向的中点。

○ 或许正因如此，1 美元纸币背面的"全知之眼"，其瞳孔就被描绘在三角形的重心附近。

参看 [076 视错觉与视觉调整]

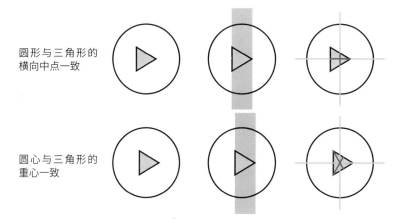

圆形与三角形的
横向中点一致

圆心与三角形的
重心一致

比起上排，下排的图形看起来更像是横向居中的。但如果像中间列那样，将
长方形与之重合，就能明确上图是在横向居中的位置，而下图则向右偏移了。

087

垂直中线错觉（菲克错觉）

因为竖线比横线显长，所以为了视觉上相等而拉长横线

○ 相同长度的两条线段，垂直线看起来比水平线长，这个现象被称为"垂直中线错觉"或"菲克错觉"。

○ 右页图中，垂直线与水平线实际长度相等的是左侧的图像，但看上去似乎垂直线更长。

○ 如果想让横竖两条线看起来等长，那么就如右页图所示，让横线略长于竖线。

○ 在日常景观中也可以看到垂直中线错觉。右页上图展现的是圣路易斯拱门，其高度与宽度相等，但是看上去似乎垂直方向上更长，这可以说是垂直中线错觉的一个绝佳案例。

参看 [076 视错觉与视觉调整]

日常中的垂直中线错觉

在美国杰斐逊全国拓荒纪念园中的圣路易斯拱门可,从中以看到垂直中线错觉。

Gateway Arch, St. Louis, Missouri

Bev Sykes from Davis, CA, USA

垂直中线错觉与视觉调整示例

下排左图的竖线与横线等长,而右图中只有横线延长了一点儿。但是,左图的横线看起来比竖线短,而右图的横线看起来和竖线一样长。

088

上大下小错觉

上方往往看起来显得更大。可以通过把上方画小一些，或者把线向上挪一些来调整

○ 我们往往有"上大下小"的错觉倾向，容易将上方的部分看得比下方的部分大。例如，如果你竖直拿着一块细长的饼干，为了均分，将其折为两段，很多时候上面的那段会短一些。这是因为即使上半部分比下半部分短，但视觉上仍显得长。为了使两段长度相同，需要在视觉上略低于中间的位置折断。

○ 在设计字体时，我们会将上半部缩小，或者把线向上移动。例如，我们会把数字 8 的上半部和字母 S 的上半部缩小，字母 H 的横线画在正中间稍靠上的位置。经过这样的视觉调整，文字看起来会更均衡。

○ 如果将调整过的文字上下颠倒过来看，就会惊讶于上下部分的大小或距离的差别如此明显。这是因为除了实际存在的差异，又发生了上大下小错觉。

参看 [076 视错觉与视觉调整]

上大下小错觉与视觉调整示例

经过视觉调整的文字和将文字
上下颠倒时的效果

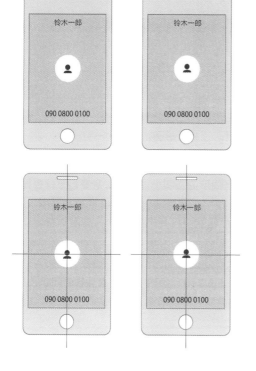

8 S H

8 S H

放置在屏幕正中间的按钮和按钮中间的图像，视觉上好像处于屏幕中间偏下的位置，因此，设计时需要将其放置在中间偏上的位置。

089

圆形看起来更小

圆形比等高的正方形看起来小，所以要画得稍大一些

○ 画出等高的圆形和正方形，那么圆形看起来会相对小一些。为了使二者在视觉上的高度相同，就必须将圆形画得稍微大一些。

○ 这一现象在设计字体时格外明显。如果将文字的高度全部统一，上下有曲线的文字看起来会比直线形的文字小，这样文字看起来就会显得不整齐。例如，大写字母 H 和 O 如果高度一致，字母 O 会显得小一些。如果想要使二者看起来高度一致，就要把字母 O 的高度调整得比 H 稍大一些。

○ 另外，由于锐角的部分也会使高度看起来变低，需要将大写字母 A 的锐角部分向上、V 的锐角部分向下加长一些。在实际的字体设计中就会进行这样的视觉调整。

参看　[076 视错觉与视觉调整]　[098 大小随形而变]

如果将大写字母 H、A、O 的高度统一，那么字母 O 的曲线部分和字母 A 的
锐角部分在视觉上就会显得略小。将曲线部分和锐角部分稍微画出格一些，
这样看起来高度才整齐划一。

090

文字中的波根多夫错觉

因为线在交叉部分的附近看起来似乎错位了，所以为了让视觉上连贯就要向相反方向偏移

○ 在设计带有交叉部分文字的字体时，如果只是单纯地将两条线交叉，那么交叉前后的线条在视觉上会产生错位现象，这就是波根多夫错觉。

○ 例如，大写字母 X，从左上画向右下的线，在交叉后似乎向下偏移了。从右上画向左下的线也同样是在交叉后好像向下错位了。

○ 因此，为了使交叉的部分看起来是相连的，我们将交叉后的部分稍微向上移动，如大写字母 X，按照右页图示进行调整。

○ 除了字母 X，还有很多笔画中有交叉的文字，如平假名"あ"等。这些文字也要进行视觉调整，即把字符交叉前后分成两段，向视觉偏移的反方向移动线条，使其看上去具有连贯性。

参看 ［076 视错觉与视觉调整］［082 佐尔拉错觉与波根多夫错觉］

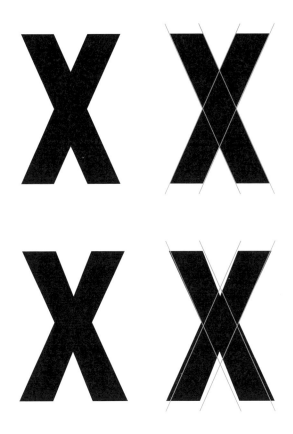

图片引用于小林章编著的《字型之不可思议》（美术出版社）。

直线按原样交叉看起来会产生错位现象，所以对其进行修正以使大写字母 X 在视觉上不产生错位。

091

相交部分看起来较粗

两条线相交，交叉的部分会显得粗，因此需要画细一些

○ 两条线相交，交叉的部分会显得较为粗重。相交的两条线既可以是直线，也可以是曲线。

○ 让人注意到这点的还是字体设计。我们试着用同样粗细的线条画大写字母 V，随后发现，两条线相交的部分看起来较为粗重，失去了轻快感。

○ 设计字体时，通常会把靠近交叉部分的线条画细一些，或者将豁口再画深一些。这样交叉的部分看起来就会变小，视觉效果上更为清爽、顺畅。

○ 有时也会将多个视觉调整施加在一个文字上。例如，字母 X 的交叉部分看起来厚重的同时，交叉前后的斜线看起来也并不连贯。因此，就要同时进行两次视觉调整，一方面对靠近交叉部分的线进行细化调整，另一方面将交叉前后的线分开，向视觉错位的反方向移动线条。

参看 ［076 视错觉与视觉调整］［090 文字中的波根多夫错觉］

视觉调整

大写字母 V 的交叉部分显得更黑、更重，所以，将其内侧的线条切去一部分，
看起来就变得轻巧很多了。

092

直线部分看起来凹进去了

当与曲线组合在一起时，直线看起来会产生凹陷，所以设计时要使其稍微隆起

○ 如果用曲线与直线的组合来绘制数字 0、大写字母 O、圆角四边形等图形，直线部分看起来都不是笔直的，而是微微向内侧凹陷的。也就是说，实际上笔直的线看起来却是弯曲的。

○ 因此，在设计数字 0、字母 O，以及圆角四边形的线框时，需要让直线部分向外侧稍微隆起。

○ 未进行视觉调整的圆角四边形，如果用尺子比对，就能发现直线部分就是直线，但是视觉上却是向内侧凹陷的曲线。

○ 经过视觉调整后的圆角四边形再用尺子比对，就会发现看起来是直线的部分实则向外弯曲，但是从视觉效果上看更笔直的却是视觉调整后的图形。

○ 我们并未感觉到经过视觉调整后的线条变弯曲了。相反，二者相比，我们可能还会觉得视觉调整后的设计更让人感到舒适。

参看 ［076 视错觉与视觉调整］

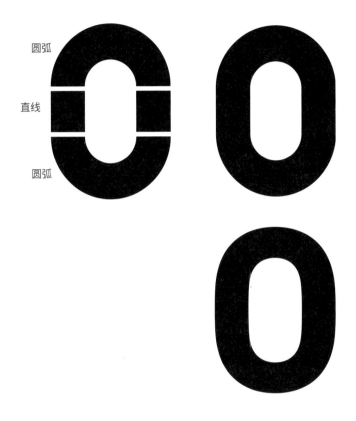

圆弧

直线

圆弧

上图的直线部分看起来似乎向内凹陷，因此，当我们如本页下图所示那样将直线改为向外侧稍微膨胀的曲线时，看起来就会更加笔直。

093

圆和直线的衔接处看起来有拐角

曲线的衔接处看起来并不流畅，因此要画得圆滑一些

○ 曲线与直线、曲线与曲线连接而成的文字或图形，有时连接处看起来像是有拐角。

○ 当然，从客观来说，线段的衔接处并没有不平滑的现象，但视觉上却是不连续并且有拐角的，给人一种不流畅的印象。

○ 例如，把一个圆形切为上下相等的两部分，将下半部分右移，使其与上段的曲线衔接。果然，衔接处看起来不是很流畅。

○ 我们试着画一个由直线和半圆组合而成的大写字母 U，然后就能看到，上方的两条竖线与下方的半圆相接的地方，看起来像是出了拐角。

○ 为了使衔接处看起来更流畅，可以从衔接处靠上一点儿的位置缓缓地调整曲线。

参看 [076 视错觉与视觉调整]

错觉示例与视觉调整示例

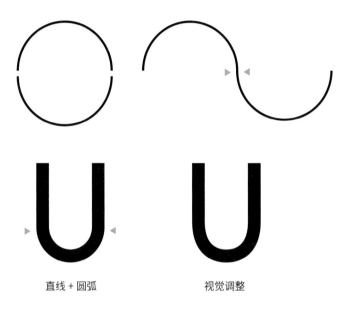

直线 + 圆弧   视觉调整

仅由直线和曲线所组成的图形，衔接处看起来有拐角。如果把衔接处稍靠上的位置当作曲线的起点加以调整，拐角看起来就不那么明显了。

094

字行倾斜错觉

如果一行文字的横笔画的高度逐渐改变，那么字行看起来就会倾斜

○ 通常横向书写的字行看起来不会倾斜，你现在看到的这行文字看起来不是倾斜的，你用计算机打出来的字行看起来也是笔直排列的。

○ 正因如此，字行的倾斜现象在网络上成为热门话题，最有名的是"杏マナー"这个词，重复书写这个词，所形成的字行看起来似乎向右下倾斜了。

○ 原本并不倾斜的字行但是看起来却倾斜了，这就是错觉。关于这个错觉还进行了学术性研究，指出其与 Popple 错觉的关联性，并通过新的字行来产生错觉。

○ 当仔细观察每个文字的横笔画时，会发现这些横笔画的高度是在逐渐变化的。"杏マナー"逐渐变低；"一ナマ杏"则逐渐变高。

○ 其他文字的排列也能产生错觉。总而言之，将横笔画逐渐降低的文字排列起来，字行看起来就向右下倾斜，而将横笔画逐渐升高的文字排列起来，字行看起来就向右上倾斜。越简单的文字看起来似乎倾斜得越明显。

参看 [076 视错觉与视觉调整]

杏マナー杏マナー杏マナー杏マナー杏マナー杏マナー
杏マナー杏マナー杏マナー杏マナー杏マナー杏マナー
杏マナー杏マナー杏マナー杏マナー杏マナー杏マナー

ーナマ杏ーナマ杏ーナマ杏ーナマ杏ーナマ杏ーナマ杏
ーナマ杏ーナマ杏ーナマ杏ーナマ杏ーナマ杏ーナマ杏
ーナマ杏ーナマ杏ーナマ杏ーナマ杏ーナマ杏ーナマ杏

十一月同窓会十一月同窓会十一月同窓会十一月同窓会十一月同窓会
十一月同窓会十一月同窓会十一月同窓会十一月同窓会十一月同窓会
十一月同窓会十一月同窓会十一月同窓会十一月同窓会十一月同窓会

会窓同月一十会窓同月一十会窓同月一十会窓同月一十会窓同月一十
会窓同月一十会窓同月一十会窓同月一十会窓同月一十会窓同月一十
会窓同月一十会窓同月一十会窓同月一十会窓同月一十会窓同月一十

本页下图两个示例以新井仁之 / 新井忍创作的"字行倾斜错觉"为参考作图。

"杏マナー"字行在视觉上向右下倾斜，反之"ーナマ杏"字行在视觉上向右上倾斜。

095

斜塔错觉

将相同的两张塔的照片左右并列放置，其中一张的塔看起来是倾斜的

○ 如果将两张相同的仰视拍摄的向右倾斜的比萨斜塔的照片左右并排放置，右边那张的塔看起来更加倾斜。有理论认为，这种错觉是因为违背了线性透视而产生的。

○ 照片中物体的轮廓会伴随透视在画面中逐渐聚拢。因此，在仰视拍摄的双子塔照片中，左塔的轮廓越向上延伸越向右倾斜，而右塔的轮廓则向左倾斜。

○ 然而，如果将同一栋大楼的相同的两张照片左右排列，我们看到其中一栋楼的轮廓并不向中间汇聚，反而呈向一侧倾斜状。例如，右页左侧的两张照片中，观察靠右的那张照片的大楼，轮廓看起来向右倾斜了。

○ 假设大楼顶部距离相机很远，只有在右侧的大楼向右倾斜的时候，大脑才会承认其轮廓不汇聚且向右倾斜。因此，我们说这是大脑让我们看到的大楼倾斜。

参看 [076 视错觉与视觉调整] [116 线性透视]

吉隆坡石油双塔 （The Petronas twin towers in Quala Lumpur）

复制双子塔中的左塔照片，并左右并列放置，右侧照片中的塔在视觉上向右倾斜了。

显瘦的衣服

利用感官特性的显瘦穿搭

○ 近年来，我们经常能看到服饰专家尝试把累积的经验和一般性常识，与视觉心理学的知识相结合，通过试验的方式来确认效果。

○ 例如，人们都说穿黑色衣服可以显瘦。经过试验证实，穿黑色衣服确实比穿其他颜色的衣服显得身材苗条。

○ 另外，穿长马甲可以显得又高又苗条。据说这是因为穿着马甲可以产生菲克错觉（垂直中线错觉）和双色错觉。

○ 右页下排的每组图形均由几个相同的长方形组成，但由于摆放方式或配色不同，使其呈现的效果也不一样。左侧为菲克错觉（垂直中线错觉），右侧为双色错觉。

○ 将手腕、脚踝这样较细的部位露出来，可以使手臂和腿看起来更纤细。据说这是因为人们会根据周围情况对隐藏的部分进行视觉上的补全。

○ 当把各个领域的经验与知觉心理学、实验心理学的知识结合起来，双方相互推动的新发展和新发现值得我们期待，这些都可以应用到我们每个人的日常生活中。

参看 ［042 膨胀色与收缩色］［076 视错觉与视觉调整］［110 非模态补全］

V 字形领口使脸看起来更瘦，这是图形回声错觉的一种。

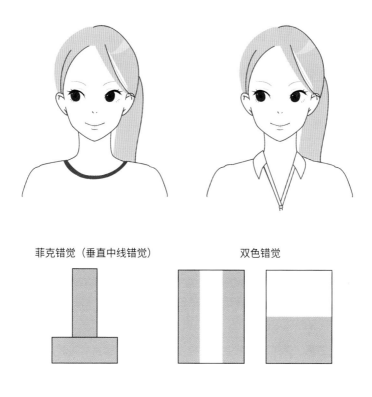

菲克错觉（垂直中线错觉）　　双色错觉

V 字形领口使脸看起来更瘦，这是图形回声错觉的一种。

097

在懂得守恒性之前

幼儿通过外观来判断量、数或长度

○ 如果将果汁从矮胖的杯子倒入细长的杯子里，水位就会上升，此时，幼童往往会认为是果汁的量增加了。当然，我们仅是转移了果汁，果汁的量并没有增加。

○ 另外，同样数量的围棋棋子，幼童会感觉摊开摆放比集中摆放时数量更多。

○ 据心理学家让·皮亚杰研究，7岁到12岁阶段的儿童可以进行一定程度的逻辑思考，理解即使物体的形状或状态改变，总量也是不变的这一"守恒性"的概念。

○ 在那之前，幼儿不具备守恒性的观念，往往根据外观而非逻辑地对事物进行判断。也可以理解为根据所见，"如实"地认为量也产生了变化。

○ 已经不再是幼儿的我们，知道理论上量、数、长度都不会随意增减。即便如此，根据容器的形状、物品的放置，量、数、长度在视觉上发生了改变，也是不争的事实。

参看 ［089 圆形看起来更小］［098 大小随形而变］

让·皮亚杰的液体守恒实验示例

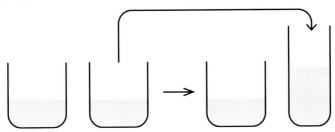

让·皮亚杰的面积守恒实验示例

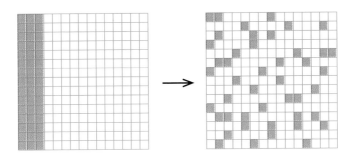

液体的总量和围棋棋子的数量都没有变化，但幼儿会认为右图的量比较多。

098

大小随形而变

即使面积、周长、高度相同，但形状不同，大小看起来也不一样

○ 如右页上排图所示，在面积相同的情况下，不同的形状看起来大小不一。菱形不过是将正方形旋转 45°而已，但是看起来却比正方形大。

○ 如右页中排图所示，在周长相同的情况下，圆看起来比较大。实际上，周长相等的图形中，圆的面积也是其中最大的。各种多边形中正多边形的面积最大，而正多边形中与圆形相差最远的三角形面积最小。

○ 如右页下排图所示，在高度相同的情况下，正方形显得最大。当着眼于高度的时候，圆看起来比正方形小，但也比菱形显得大。当然，面积最大的是正方形，菱形和三角形的面积只有其一半，但是看起来也并没有小那么多。

○ 一方面，若想使不同的形状看起来一样大，则需要调整它们的大小；另一方面，也可以积极地利用形状的不同来展现大小的不同。方形的蛋糕斜放在盘子上会显得更大，这或许会让人感到开心吧。

参看　[076 视错觉与视觉调整]　[089 圆形看起来更小]

面积相同

周长相同

高度相同

分别统一了面积、周长或高度，但不同的形状在视觉上的大小有所差异。

099

阈值

能引起知觉的最小刺激强度，或者为了分辨所需要的最小刺激差

○ 我们感受到适当的刺激才能有所知觉，能够引起知觉的最小刺激强度叫作"绝对阈值"。

○ 若夜空中的星星传递到眼睛的光的强度太小，我们就看不见它；若在风中飞舞的落叶传递到耳朵的声压过低，我们也听不见它。

○ 刺激强度具有足够明显的差异，我们就能感知不同，而能被感知的最小强度差叫作"差别阈限"。

○ 即使剪掉一点儿发梢，人们也察觉不到头发长度的变化；往一个又大又沉的背包里悄悄混入一件轻巧的小物品，人们也不会发觉；为了削减成本将咖啡稍微变淡一点儿，或者把点心的量稍微减少一点儿，人们也不会注意到。

○ 一旦适应了刺激，差别阈限就会增大。也就是说，适应会使刺激变得难以识别，只有加大刺激强度才能被感知。例如，在听完演唱会回去的路上，说话会很大声；一直使用的香水，很容易加大用量。

参看 ［018 明度颜色适应］［100 韦伯 - 费希纳定律］

绝对阈值实验的典型函数曲线

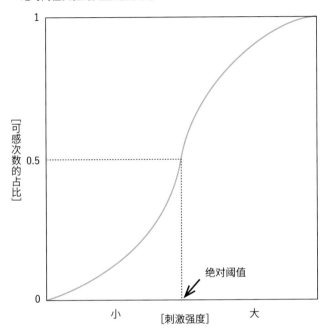

绝对阈值是对受到相同的刺激平均每两次感知一次，也就是能被感知的概率为 50% 的刺激强度。

100

韦伯 - 费希纳定律

感觉的大小并非与刺激强度成正比，而是与其"对数"成正比

○ 差别阈限根据作为基准的"原刺激"的变化而不同。原刺激为 100g 的时候，增加 2g 就可以感觉到重量变化，而如果原刺激为 500g，就必须增加 10g 才能感觉到变化。

○ 德国生理学家 E.H. 韦伯提出，差别阈限 △ I 与原刺激 I 的比值 C 为常数。这个常数被称为"韦伯比例"，不同种类的感觉数值不同。

○ 有像音高这样韦伯比例很小的敏锐的感觉，也有像压力一样比较迟钝的感觉。

○ 费希纳则在此基础上进一步研究，提出感觉强度 S 与刺激强度 I 的对数 $\log I$ 成正比。也就是说，当你想让对方感受到差异时，就要产生相应程度的差异。原本就很大的东西，只有相应地增大差异，才能被感受到。

参看　[099 阈值]

韦伯比例公式

$$\frac{\triangle I}{I} = C$$

费希纳定律公式及函数曲线

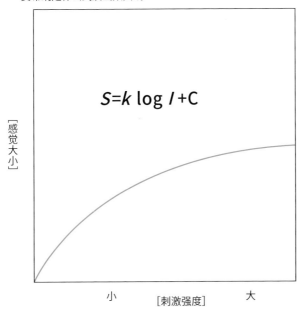

$S = k \log I + C$

[感觉大小]

小　　　[刺激强度]　　　大

若刺激强度不按照相应倍数增长，则感受不到差别。利用这个原理，如果我们不想让对方感受到差异，可以只改变察觉不到的程度。

101

盲点的补充

盲点处没有视细胞，这部分的视野是缺损的，但你感觉不到

○ 视细胞形成了一层视网膜，每个视细胞都可以接收光的刺激，从而让我们能够看见东西。

○ 另一方面，由于盲点是视神经的出口，没有视细胞，无法接收光刺激，因此看不见东西。在这个"看不见东西"的视野区域，即便我们突然看到一个黑色小孔也绝不奇怪。但是，我们却感觉不到盲点的存在。

○ 我们感觉不到盲点的存在。这是因为视觉系统对盲点部分的视野进行了代偿，也就是补充了"如果能看见应该是这样的"，让你能够"看见"这部分场景。

○ 如果用右页下图进行测试，当白色圆点消失时，那一部分看起来与背景花纹相同。这是因为白色圆点进入盲点，视觉系统将这一部分补充为与背景同样的图案。

○ 同样的视觉代偿也会发生在由青光眼等疾病引起的视野缺损时，导致视野缺损不易被察觉。

参看 ［010 感光结构（视锥细胞与视杆细胞）］［112 眼见为"赌"］

盲点模型图

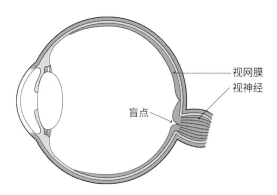

视网膜
视神经
盲点

盲点测试用图

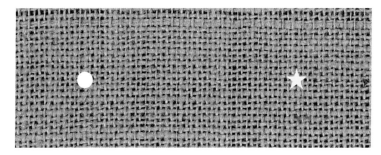

将右眼用手遮住，左眼注视星形图标，将书本缓慢地远离或靠近眼睛，在某一位置白色圆点会突然消失，视野中那个消失的位置就是盲点。

102

格式塔原则

整体把握视野中出现的物体

格式塔

○ 我们感知的事物，并非单纯是元素的集合，而是将所有这些视作一个有机的整体。

○ 我们的视野中出现各种各样的物体，通过分析，可以将其拆分成各种元素。但是，格式塔学派认为，人们感知的不是一个个单独的元素，而是一个有机结合的整体。

○ 像这样将各个独立的物体结合为一个整体去感知，叫作"知觉整体性"。我们对物体的感知倾向于把握简洁美观的形态和高度结合为有机的整体，这种倾向叫作"完整倾向"。

○ 格式塔学派指出，这是由于各种物体被系统化整合，并作为"群组"被感知，这一原则被称为"格式塔原则"。

○ 因为格式塔原则是大部分人的共识，在某种程度上可以共享，所以我们在要给别人看什么、听什么的时候就要考虑到这一点。后文将要介绍的接近性原则、相似性原则、连续性原则、闭合性原则以及共同命运原则，都为格式塔原则的一部分。

[103 接近性原则与相似性原则]　[104 连续性原则与闭合性原则]
参看　[105 共同命运原则]　[108 格式塔崩溃]　[109 卡尼莎三角]　[128 β 运动]

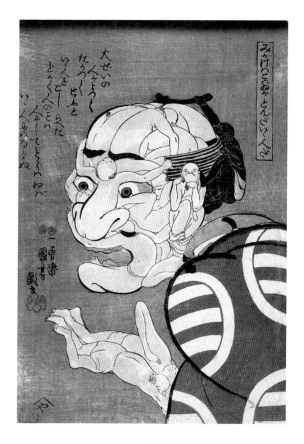

歌川国芳的隐藏画《面恶心善的人》。

如果仔细观察这幅图，就会发现它是由各个零散的部分拼合而成的，但是我们会将它们作为一个整体来看。

接近性原则与相似性原则

把相近的、相似的东西看作一个整体

○ 接近性原则和相似性原则都是格式塔原则的一部分，即整体性知觉的原则。

○ 接近性原则是指距离相近的物体容易被认作一个整体。也就是说，相近的物体被划归为一组，而距离较远的物体被视为另外的群组。例如，右页中左上角的图片，我们会将其看作 4 组双线，而不是 8 条线。右上角的图片，我们会将其看作 4 组点，而不是 21 个点。

○ 相似原则是指相似的物体容易被认作是一个整体。也就是说，相似的物体被划归为一组，而不相似的物体被视为另外的群组。例如，右页下图，看上去是 H 和 O 的不同分类。正 H 和斜 夕、大 O 和小 o，看上去各自成为一类。正中间的蓝色字母也成了一个单独的区域。

○ 像这样，如果你想要将物体作为同组展示的时候，可以统一颜色、形状、方向或大小；如果将相似的物体再分组展示，可以将同组物体的距离更拉近一些。

参看 ［102 格式塔原则］

接近性原则

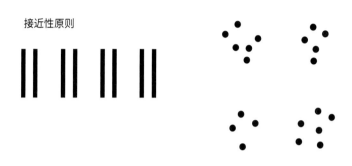

相似性原则

改变颜色、形状、方向、大小，或者拉开距离，我们就会将其视为其他群组。

104

连续性原则与闭合性原则

将各个元素作为连接在一起，或者补充完整的形状来整体感知

○ 当视野中出现各种物体的时候，我们更倾向于从整体去感知一个完整的物体，而不是从局部捕捉个别的部分。

○ 整体性知觉的原则被称为"格式塔原则"，连续性原则和闭合性原则是格式塔原则的一部分。

○ 连续性原则是指连续的图形容易被识别。例如，右页上部的图形会被看作一条直线和一条曲线，而不会看成只是依次连接的半圆。

○ 闭合性原则是指闭合且完整的图形容易被识别。例如，右页中部的左图会被看作重合的方形和圆形，而不会看成是 3 个独立的部分。

○ 与此相关，我们来介绍"重合"的深度知觉线索。如右页下图所示，如果方形挡住了圆形的一部分，方形看起来就在离我们更近的位置。而如果方形被圆形挡住了一部分，那么方形看起来比圆形离我们更远。

参看 ［102 格式塔原则］［109 卡尼莎三角］

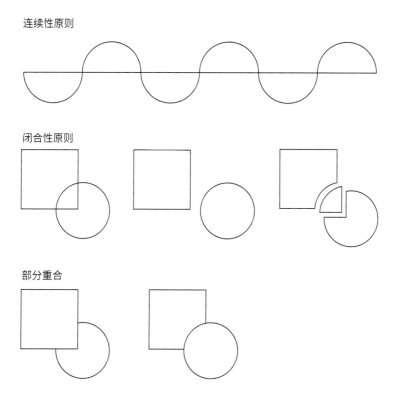

连续性原则

闭合性原则

部分重合

我们会把这些图形各自看作一个完整的形状。此时，遮挡物看起来在近处，而被遮挡物看起来在远处。

105

共同命运原则

以相同方式移动或闪烁的物体会被看作一个群组

格
式
塔

○ 共同命运原则是我们观察事物时的一种倾向，也是格式塔原则的一部
分。共同命运原则是指共同移动的物体或在相同时间点闪烁的物体容
易被识别为同一群组。

○ 从右页开始，在位于右侧的翻页漫画中，可以看到动态的、闪烁的点。
向同一方向移动的点或一起移动的点，会被视为同一组。以相同的频
率出现、消失的点，也会被视为同一组。

○ 动物的运动也可以体现共同命运原则。假设动物的关节部位被点上光
点，当在黑暗中观察这个动物运动的样子时，我们能看到的只有光点，
但是我们却看出了动物的运动。

○ 附着在不同物体上的光点，可以分别看作一组。例如，给捣年糕的和
辅助翻面团的两个人的关节处贴上小灯泡，在黑暗中观察二者的运动，
可以清晰地区分两个人。

参看 ［102 格式塔原则］［127 真动知觉］［128 β 运动］

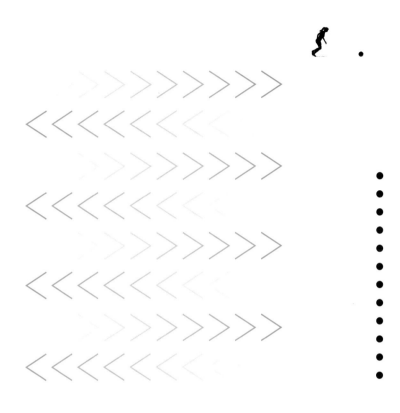

向右行进的第 1、3、5、7 行，和向左行进的第 2、4、6、8 行，分别被看作同组。

106

面积原则与对称性原则

面积较小或对称的物体更容易被视作一个图形

○ 面积原则和对称性原则也是我们在观察物体时的倾向之一，这两种原则与形基知觉息息相关。

○ 作为特定的形状与其他内容被区分感知的区域叫作"形（图形）"，包围住图形的背景区域叫作"基（背景）"。在观察图像时，有些容易被看作图形而有些却则不会。

○ 面积原则是指面积小的部分容易被认作图形，而面积大的部分容易被认作背景。如右页中部组图所示，左图中面积较小的着色部分被视为图形，右图中面积较大的着色部分被视为背景。

○ 对称性原则是指对称的部分容易被认作图形。右页下部的组图中，理论上黑色或白色哪个颜色被当作图形都可以。但是，作为图形自然浮现的就是左右对称的部分，若将左右不对称的部分看作图形或多或少还是有点儿费力的。

○ 除此之外，比起倒立放置的物体和宽度不一的物体，脚落地的、稳定的物体和宽度一致的物体更容易被识别为图形。

参看 ［102 格式塔原则］［107 鲁宾壶］

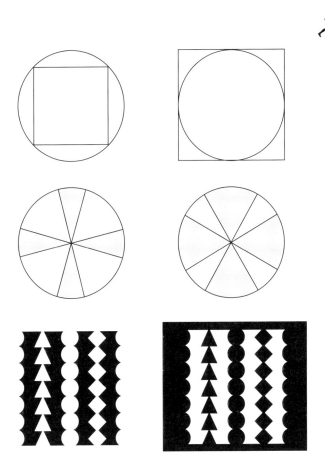

上排为圆形与正方形的组合图形，两张图中圆形的大小相等。左图中正方形的面积较小所以被视作图形，而当正方形面积增大时，则会被当作背景。

217

107

鲁宾壶

图形和背景有时也可以互换

○ 右页的上图，既可以看作面对面的两张侧脸，也可以看作酒杯。像这类能够看出两种以上意象的图像叫作"多义图形"，这张图就是被称为"鲁宾壶（杯）"的多义图形。此外，想要同时看到侧脸和杯子是很困难的。

○ 带有特定形状，且从背景中浮现出的区域叫作"形（图形）"，作为图形的背景的区域叫作"基（背景）"。

○ 容易被识别为图形的区域具有若干特征。在鲁宾壶的例子中，人脸和杯子同样程度地容易被识别为图形或背景，因此"形"和"基"很容易互换。

○ 图像会根据你在观察哪一个而发生改变。当你把人脸作为图形来看的时候，人脸看起来位于前景，其他的区域作为背景向后退。当你把杯子当作图形来看的时候，杯子看起来就位于前景，这回本应是人脸的区域就变为了背景并向后退。

○ 除了鲁宾壶还有其他多义图形。既能看成年轻女子也能看成上岁数的女子的图，还有既能看成鸭子又能看成兔子的图也都很有名。透视翻转图形也可以视为多义图形的一种。

参看　[102 格式塔原则]　[106 面积原则与对称性原则]　[121 透视翻转图形]

鲁宾壶

其他多义图形

Jastrow,J.(1899).The mind's eye.
Popular Science Monthly,54,299-312.

将多义图形引入新的设计中，或者原创多义照片，都带有强烈的冲击力。

108

格式塔崩溃

如果持续不断地看或听同一事物，格式塔就会崩溃

○ 比起单独捕捉各个部分，我们更倾向于从整体把握一个完整的事物。物体、文字或语言都可以作为整体来认知。

○ 有时这个整体感消失了，我们会觉得事物变得七零八落，这种现象被称为"格式塔崩溃"。

○ 快速并大量地书写同一个字，就会发生格式塔崩溃。书写会变得越来越困难，渐渐地就不知道该如何写这个字了。即使是正确的文字看起来也莫名地觉得可疑。

○ 例如，你可以轻而易举地在纸上写出汉字"安"。接下来，请设置一个两分钟的倒计时，尽可能多地快速书写"安"字，即使字形走样了或者写错了也不要停止。

○ 不断重复念叨或听到同一个词语，也会发生格式塔崩溃。例如，不停地说"电话"这个词，它听起来会逐渐变为无意义的节奏和声音。

参看 [102 格式塔原则]

安 安 安 安 安 安
安 安 安 安 安
安 安 安 安 安 安
安 安 安 安 安
乍 安 安 安 安安
安安 安 安 安

一旦发生格式塔崩溃，试着不要再继续看或听了，之后所见所闻就会恢复正常的状态。

109

卡尼莎三角

纵观整体，眼前会浮现一个本来没有画的白色三角形

○ 意大利心理学家加埃塔诺·卡尼莎提出了一个可以看见并未画出轮廓的主观轮廓图形，以右页上图的"卡尼莎三角"为代表。

○ 观察右页上图，很多人可以看到白色的正三角形。但是，若从局部来看，不过是按一定角度放置了 3 个被裁掉 60°扇形的黑色圆形（电子游戏中"吃豆人"的形状）和 3 组按 60°角摆放的双线段。

○ 根据格式塔原则，将各部分统一为整体来看，主观轮廓就会出现。

○ 右页上图，我们会更自然地看成是 3 个黑色圆形和倒立的正三角形，上边重叠了一个正立的正三角形，而不是 3 个"吃豆人"和 3 组线段。

○ 这张图也是"重叠"作为深度知觉线索的示例。被部分遮挡的 3 个黑色圆形和倒立的正三角形看起来离我们更远，而应该遮挡了这一部分的白色正立正三角形浮于其上。

参看 ［102 格式塔原则］［104 连续性原则与闭合性原则］

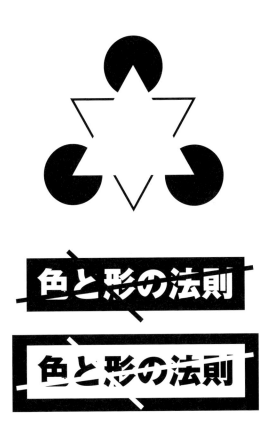

不仅是三角形，只要再现这种仿佛有遮挡效果的图像，就会出现主观轮廓。

110

非模态补全

残缺的文字很难辨认，但如果遮挡住欠缺的部分，那么文字就易读了

○ 右页的两行文字都缺少了一部分，但是下边的文字比上边的文字更容易辨认。这是因为上边的文字看起来是"残缺的"，而与此相对的下边的文字看起来是"被遮挡的"。

○ 我们的视觉系统具备推断遮挡部分并"补全"的能力，将本应无法看见的部分补充完整，从而进行认知。

○ 日常中也经常出现这种情况，视野中前景挡住后景，图像依此投影在视网膜上。这时图像被侵蚀，后景的图像就出现了残缺。

○ 但是，后景的图像本身不会被看成是残缺的，而是被补全了前景所遮挡的部分，看起来是完好无损的。

○ 听觉也会出现类似的现象。有时，经过录音的音乐在播放时会出现时断时续的情况。如果将断断续续的部分覆盖上包含所有频率的白噪声再播放，本应是断断续续的音乐听起来就连贯起来了，被白噪声遮盖的音乐听起来被补全了。

参看 ［096 显瘦的衣服］［101 盲点的补充］［109 卡尼莎三角］

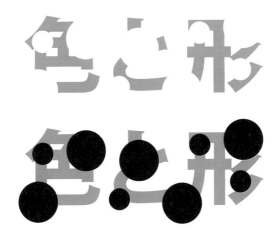

如果将残缺的部分遮盖，那么被遮盖的部分就会被视觉系统代偿，我们就能
看到被"补全"的物体。

111

透明视图与图形

即使实际上不是透明的，但如果将其理解为是透明的更显自然，那么它看起来就是透明的

○ 画布上的油画颜料和计算机屏幕上的颜色都是不透明的，却都可以表现水或玻璃的样子。换句话说，想要做到视觉上呈现透明并不需要它实际是透明的。

○ 右页的图形中，将构成左上角图像的各个部分拆分，可以看到视觉上透明的部分，只是普普通通的浅蓝色。也就是说，明明是同一种颜色，看起来却像是完全不同的两种颜色。

○ 透明视图会在图像看起来非常自然时发生。

○ 首先，由于闭合性原则，我们会感知十字上有一个浅蓝色的长方形。然后，与其说"重叠"的部分颜色较深，不如解释为半透明更自然，那么我们就会把它视为是半透明的。

○ 看起来是否透明也取决于组合的方式。右页左下角的图形将相同的部件用不同的方式组合在一起，这时就没有产生透明视图的效果，看上去只是包含一部分浅蓝色的黑色十字，遮挡住了背后更浅的蓝色长方形。

参看 ［102 格式塔原则］［104 连续性原则与闭合性原则］

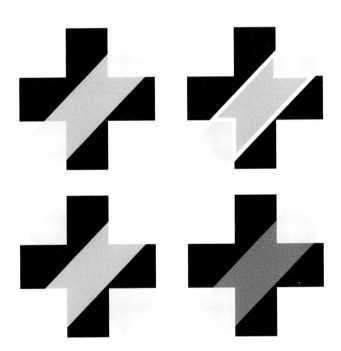

右下角的图中，十字中的浅蓝色里混合了黑色，既可以看作蓝色长方形增加了透明度，也可以看作长方形在透明黑色十字的后面。

112

眼见为"赌"

视网膜上的成像有无限种解释的可能，我们看到的是最合理的世界

○ 远处的大物体和近处的小物体投影在视网膜上的大小大致相同，这是因为视网膜成像与物体大小成正比，与物体距观察者的距离成反比。

○ 透过 5 日元硬币的小孔看月亮，小孔直径和月亮直径投影的大小相同，但实际大小却相差 7 亿倍。

○ 向纵深方向倾斜的物体与没有倾斜的物体，在视网膜上的投影也可以是相似的。例如，一面贴在山坡上的长方形旗帜，和眼前在黑板上画的梯形，在视网膜上的成像都是梯形的。但是，我们却可以分辨出物体的远近和大小，以及是否向纵深方向倾斜。

○ 由于在日常生活中存在丰富的深度知觉线索，将其与视觉系统进行对照，就能得到最合理且与实际情况一致的视觉图像。很少会出现对多个视觉图像产生困惑的情况。

参看 ［113 大小恒常性与形状恒常性］［116 线性透视］［122 凸起的标志］

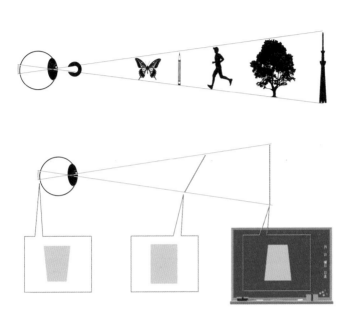

我们在观察实物时，若视网膜成像可以将其完美再现，就能让我们看到一个想要让我们看到的空间。一幅巧妙的画作，虽然是二维的平面图像，却可以让我们看到立体的三维空间。

113

大小恒常性与形状恒常性

即使视网膜上的成像在变化，我们感知的物体大小和形状也是恒定的

○ 投影到视网膜上的图像大小与物体到观察者的距离成反比。我们基于视网膜的成像观察着稳定的三维世界。

○ 随着距离的变化，视网膜成像会扩大或缩小，但是物体本身的大小看起来却是恒定的。也就是说，"大小恒常性"在发挥作用。一个人由远及近跑过来，虽然在视网膜上他的图像变大了，但是他的身高看起来并没有变化。

○ 根据位置关系的变化，视网膜成像会变形，但是物体本身的形状看起来是恒定的。也就是说，"形状恒常性"在发挥作用。无论是门、电视屏幕，还是合上的书，根据你看到这些物体的角度不同，视网膜成像会扭曲变形，但是，它们看上去都是没有变形的长方形。

○ 另外，物体具有概念性的大小和形状，我们更容易将物体看成与概念相符的大小或形状。

○ 即使视网膜成像上的大小完全相同，天然气罐看起来也是大的，而1日元硬币看起来也是小的。对照观察实际的立方体时的视网膜成像，如实地画出变形的图像，但它看起来仍然是一个协调的立方体。

参看 ［112 眼见为"赌"］［116 线性透视］［122 凸起的标志］［124 滑动变焦］

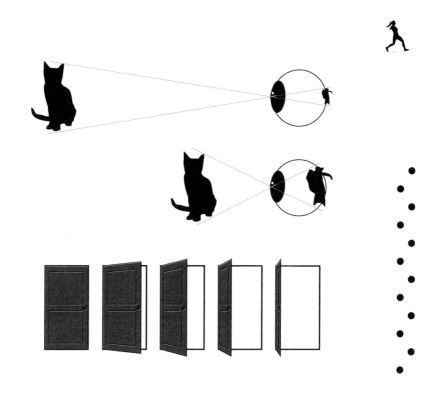

我们在观察同一个物体时，视网膜成像随距离变远而缩小，随距离拉近而放大。视网膜成像还会伴随观察位置和角度的变化而变形。

双眼视网膜成像差

以左眼和右眼的视网膜成像的差异作为线索，就可以看到透视效果

○ 投影在左右眼视网膜上的成像是不同的，一般我们不会意识到这一点，但是可以通过以下步骤来感受。首先，伸出食指立在眼前；接着，用另一只手遮挡住右眼，使食指与视野中远处的任意目标重合；最后，遮挡住左眼用右眼来看，食指与目标会产生偏离。

○ 视网膜成像的这一差异被称为"双眼视网膜成像差"，基于这个差别，我们就能够看到透视效果。换句话说，我们没有注意到两眼的视网膜成像之间的差异，将二者合并起来，我们就看到了一个稳定的三维世界。

○ 3D 照片、3D 电影以及立体图，就是利用了双眼视网膜成像差制作的。例如，从左眼和右眼的位置各拍一张照片，3D 照片就是由这两张相互偏移的照片制成的。左眼看左眼视角的照片，右眼看右眼视角的照片，但为了使两张照片合并从而产生立体感，很多时候也需要使用专门的眼镜或设备。

参看 ［112 眼见为"赌"］［115 运动视差］

双眼视网膜成像差示意图

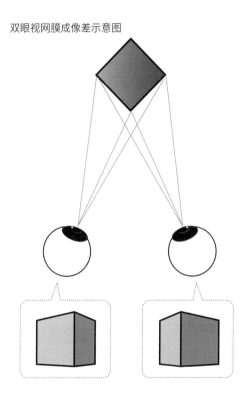

左右眼视网膜成像的偏移经过大脑整合，就能让我们看到立体的世界，3D
照片等技术就是应用了这个原理制作的。

115

运动视差

由于看到的近景的物体移动速度快，远景的物体移动速度慢，以此为线索就能判断物体距离观察者的远近

○ 如果你从行进中的火车车窗向外眺望并凝视任意一个物体，比它近的物体在视野中会向行进的反方向移动，而比它远的物体会朝着行进方向移动。

○ 基于这个规律，我们就能感知物体距离我们的远近。也就是说，在视野中向逆向快速移动的物体离我们很近，缓慢移动的物体都比它远。而远在天边的月亮，看起来仿佛一直在跟着我们走。

○ 我们还可以从这个规律性变化中感知自己在移动。电子游戏的画面模拟运动视差，通过操控物体移动的方向和速度，使玩家看到自己的动作。

○ 不仅如此，还可以让玩家同时感知物体距离我们的远近，以及画面具有深度，也就是三维的场景。在动画或电影的画面中，若图像产生规律性变化，我们就能知道主人公或摄影师正在移动并且还能知道移动的方向。

参看 ［127 真动知觉］［128 β 运动］［129 运动后效］

在与木桩列垂直的方向上移动时的视野连续图示

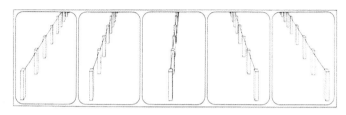

行进方向右侧的视野变化方向及量

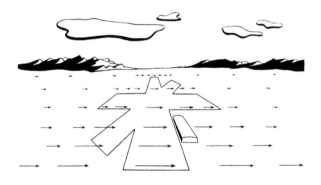

Gibson.J.J（1950）The perception of the visual world

参考东山笃规、竹泽智美、村上嵩至译著的《视觉世界的知觉》（新曜社）。

车窗外的景色也是如此，近在眼前的电线杆和车站月台向后方飞逝，相对不那么远的建筑物缓慢向后移动，而远处的山则与行进方向同向移动。

116

线性透视

视野中平行线交汇于远处，发散于近处

○ 当两条平行的直线向远处延伸时，视野或视网膜上的图像是逐渐交汇的。通向远方的铁轨和道路、天花板的两端、仰视的大楼外墙，或者铺路石、墙纸、窗户的轮廓等都向一个点汇聚。

○ 这些平行线的成像位于远景的间距窄，位于近景的间距宽。即平行线的成像在远处汇聚，在近处发散。基于这一点，我们就能看到透视效果。

○ 文艺复兴时期作为绘画技法引入的"线性透视法"就是利用这个现象制定的，到如今线性透视法已经成为学习绘画必备的基础知识。

○ 应用线性透视法，可以将虚拟空间混入现实空间中以假乱真。画在建筑物墙壁上的错视画表现出精妙的透视效果，呈现一个实际上并不存在的街道景象。

○ VR（虚拟现实）、AR（增强现实）、MR（混合现实）都是在虚拟世界表现立体事物的技术。立足于线性透视原理，可以预期未来的这些技术会更接近人类的视觉感受。

[112 眼见为"赌"] [113 大小恒常性与形状恒常性] [121 透视翻转图形]
参看 [122 凸起的标志]

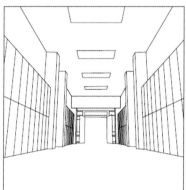

先画出交汇于消失点的轮廓线，在此基础上调整物体图像的大小和排列方式，
这种绘画中的透视法也可以说是线性透视的一种应用。

117

结构级差（纹理渐变）

视野中，元素大而疏的地方显得近，元素小而密的地方显得远

○ 我们的生活中随处可见规律性的元素——广场的铺路石、枯山水庭院里铺满的碎石子、风在沙漠上留下的沙波纹、成片的花海、浮在水面等待采收的蔓越莓、土地龟裂的痕迹、整齐排列的树桩、荒地上成片的杂草、田间的稻穗。这类元素在视网膜上或在视野中的成像，其大小和密度是不同的。近处的元素成像大且稀疏，远处元素的成像小且密集。

○ 例如，一个布满了大小相同圆点的板子，如果将它贴在竖直的墙上，圆点的大小和密度看起来都是相同的；如果将它从竖直的墙面放倒在水平地面上，大小和密度的变化就比较明显了。

○ 我们通过纹理的渐变可以感知远近。换句话说，如果图像由相似元素组成，成像大且疏的部分距离近，而成像小且密的部分距离远。此外，通过感知成像的大小和密度的变化程度，我们也能知道画面倾斜的程度。

参看　［112 眼见为"赌"］［116 线性透视］

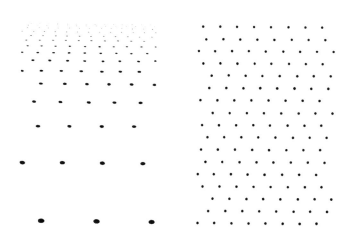

Gibson.J.J（1950）The perception of the visual world

参考东山笃规、竹泽智美、村上嵩至译著的《视觉世界的知觉》（新曜社）。

准确描绘元素的大小和密度，能够表现倾斜的角度。

118

阴影线索与火山口错觉

从阴影可以分辨物体表面的凹凸，如果将照片上下颠倒，凹凸效果就会发生反转

○ 如果有阴影，我们就能知道物体的凹凸程度。在日语中，虽然"阴影"和"影子"都读作"かげ"（kage），但在此我们先对"阴影"进行描述。阴影是三维物体表面存在的光影，是认知物体本身形状的线索。

○ 例如，没有阴影的圆，看起来就是二维的圆形，而为其加上适当的阴影，看起来就成了立体的球或圆形的"凹陷"。

○ 只要有阴影，还可以表现出立体的文字。我们观察右页中的文字，假设左上方存在照明，那么上边的文字看起来是凸出来的，下边的文字看起来是凹进去的。

○ 火山口是凹陷的，这一点通过阴影线索就能在照片中看出来。但是当你把火山口的照片上下颠倒来看，它看起来就是凸出的山形，这种现象被称为"火山口错觉"，这也是在假设左上方有照明的前提下产生的。

○ 即使不是火山口的照片，只要是有阴影且富有立体感的照片就会出现火山口错觉。将雪地上留下的兔子脚印、整板的巧克力、浮雕等完整拍摄下来，将照片上下翻转，凹凸感也会随之反转。

参看　［112 眼见为"赌"］［119 影子线索与相对位置］

色と形

色と形

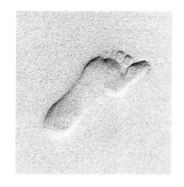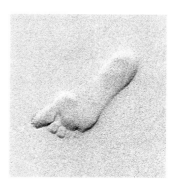

沙滩上的脚印、下水管道的出入口、古墓、压印的黏土等，很多物体的照片都可以看到火山口错觉。

119

影子线索与相对位置

物体的位置可以根据与影子的相对位置判断出来

透视线索

○ 影子是物体位置的线索。通过物体自身与影子之间的位置关系，我们就能知道物体是与地面接触的，还是悬浮着的。

○ 如果影子与物体是紧密接触的，则物体的下方紧贴在地面上。如果影子与物体是分离的，那么物体就悬浮在地面之上。然后，根据物体与影子分离的程度，我们就能知道物体悬浮的高度。

○ 通过对比物体与影子的相对位置信息，我们就能知道物体的位置。右页所示的 3 个球体中，左右两个球体的上下位置是相同的，但是看起来左侧的球体位于远处的地面上，右侧的球体与中间的球体都在近处，但是悬在半空中的。

○ 通过判断地面接触点或影子落在视野中的位置，我们可以知道距离物体的远近。大部分的物体都是接触地面的，在视野中越是相对靠上的物体距离越远。因此，处在视野上方的物体看起来较远。但即使处在视野上方，悬浮的物体是能够看到与其下的影子之间的距离的。

参看 ［112 眼见为"赌"］［118 阴影线索与火山口错觉］

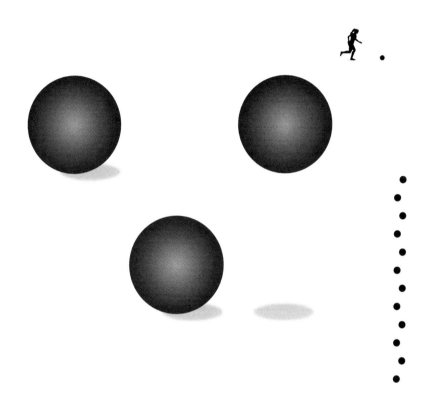

原则上，位于视野上方的物体看起来距离较远，但是右侧的球体悬浮在空中，其深度方向上的距离与正中间的球体看起来是一样的。

120

不对称性

当恰当地画出从一定的倾斜角度看到物体不对称的样子，此时图像看起来就是立体的

○ 思考一下从各种不同的视角描绘立方体的线稿。从正侧面或正上方看、从倾斜 45° 角的上方或左侧看、上方倾斜 45° 角且从左侧 45° 角的位置看、上方倾斜 30° 角且从右侧 60° 角的位置看，等等，有无数种可能性。

○ 如果观察实际的立方体盒子并拍照，其形态会根据视角有规律地发生变化，所以线稿也应该遵循这个规律来画。实际上，平行线会根据距离发生聚拢，但在此将其简化，我们只考虑不聚拢的平行投影。

○ 从正侧面或正上方描绘立方体盒子，其就会变成正方形。再将其沿原本的水平或垂直方向旋转，其就会变成长方形；如果沿水平方向旋转 45° 角的同时向垂直方向也旋转 45° 角，其就会变成六边形。

○ 采用这样对称的线条画出的线稿更像是几何图形而非立方体。

○ 当想要展现立体感时，最好从倾斜的角度绘制其不对称的形态，而不是正面对称的形态。

参看　［112 眼见为"赌"］［116 线性透视］

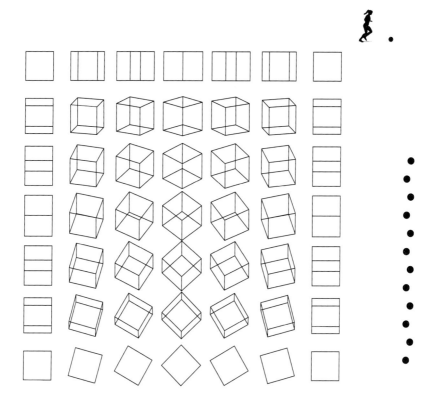

如果从适当的倾斜角度描绘，形态就会变得不对称。不对称图形看起来比对称图形更具有视觉上的深度。

121

透视翻转图形

有时远景的物体看起来就在眼前，而眼前的物体仿佛变成了远景的物体

○ 在单纯的图形中有时可以看到透视关系似乎翻转了。在现实世界中，由于充满丰富的线索，我们看到的透视关系是稳定的。但是，当没有充足的线索，物体看起来也正常的时候，视觉上的透视关系就不稳定了。

○ 右页上图为"马赫之书"。书既可以看作朝我们的方向打开（向书内凹进）的样子，也可以看作朝对侧打开（向书外凸出）的样子。

○ 右页中图为"纳克方块"。有时看起来蓝色的面在前面，而有时看起来红色的面在前面。

○ 右页下图为"施罗德阶梯"。既可以看成蓝色的面在前面，楼梯在地面上，也可以看成红色的面在前面，楼梯上下颠倒着悬在空中。

○ "旋转舞女错觉图"也广为人知。实际上，在视频中既可以看成人物沿顺时针方向转动，也能看成人物沿逆时针方向转动。在静止的画面中，既可以将其看作以左脚（或右脚）为轴，面向我们的姿态，也可以看作以右脚（或左脚）为轴，背对我们的姿态。

参看 ［112 眼见为"赌"］［116 线性透视］

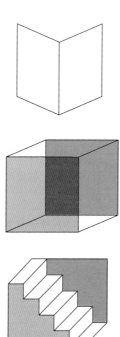

请大家分别从上面每个透视翻转图形中看出两种不同的透视关系。有的图很容易看出来，而有的图需要费点儿力气才能看出来。

122

凸起的标志

若将图像与视网膜成像保持一致，那么二维的平面图看起来也能如三维图像一样立体

○ 眼球的后面有视网膜，光投射在视网膜上，我们就能看见东西。这时投影在视网膜上的成像大小和形状，就会成为我们感知物体形状和立体深度的基础。

○ 平面的立体画是为了与立体物的视网膜成像有相同的视觉效果而精心制作出来的。

○ 京急线羽田机场第 3 航站楼的地面上绘有一张图，从侧面看它是扭曲的，但是如果从正面看，就会浮现出一个立体感十足的引导标志。视觉上进一步增大三维空间的视觉深度的方法也与此类似。

○ 鹤冈八幡宫前的道路，入口宽而里面窄，从入口处望去，道路看起来比实际要长。同样，靠近观众席的一侧宽，而舞台内侧变窄，夸大了线性透视的舞台也比实际看起来的更深。

○ 相反，我们也可以在三维物体中展现平面效果。菲利斯·瓦里尼就很擅长此类创作。他将投射在建筑物上的映像原封不动地涂上颜色，从投影的位置望去，风景中就会浮现出平面的几何学图案。

[112 眼见为"赌"] [113 大小恒常性与形状恒常性] [116 线性透视]
参看 [118 阴影线索与火山口错觉]

贴在航站楼地面上的平面标志，从某个视角看上去就变成了立体标志。

123

凸肚状圆柱

笔直的柱子、中间凸起的柱子、下宽上窄的柱子的不同视觉效果

○ 有一项常见于建筑界的著名技艺，叫作"凸肚状圆柱"。关于这种技术的历史和设计者的真实意图尚存在争议，在此我们只关注它的视觉效果。

○ 人们普遍认为凸肚状具有视觉调整的效果。

○ 据说如果将圆柱做成竖直的，柱子会显得很细。这是因为立体的圆柱带有阴影，所以轮廓看起来会向内凹陷。将圆柱的纵向线条向外膨胀，可以起到修正的作用。

○ 帕特农神庙顶部逐渐变窄的柱子，被认为是增大透视效果的一种方法。

○ 仰视一根笔直的柱子，视野中其顶部会逐渐聚拢。如果人为地增大聚拢的程度，那么可以预测柱子将比实际显得更长，而建筑物也会显得更高大。

[076 视错觉与视觉调整] [112 眼见为"赌"] [113 大小恒常性与形状恒常性]
参看 [116 线性透视] [122 凸起的标志]

这样的柱子在帕特农神庙或法隆寺都可以见到，前者是从底部到顶部逐渐变细的，后者在底部 1/3 处为全柱的最粗处。

124

滑动变焦

当与焦距成比例地改变拍摄距离时，景深就会发生变化

○ 在电影或照片中控制固定物体的距离感的技术被称为"滑动变焦"。在拍摄人物的时候，一边拉开拍摄距离，一边增加焦距，在镜头中，我们就能看到人物保持静止的同时背景在迫近。

○ 因为画面中拍摄的物体大小与焦距成正比放大，同时与拍摄距离成反比缩小，从而得到了这个效果。

○ 如果增加焦距，物体之间的距离保持不变，那么所有的物体看起来都会向我们靠近。这是因为焦距越大，取景范围越窄。如果在与原先相同大小的屏幕上看，所有的成像都等比例放大了。同时，增大拍摄距离又让物体之间看起来彼此靠近了。

○ 这是因为比起近处的物体，远处物体的成像以更小的倍率缩小，导致透视关系发生了变化。虽然经常被误解为是镜头产生的透视变形，但实际上透视变形是在改变拍摄距离的时候产生的。

参看 ［112 眼见为"赌"］［116 线性透视］

焦距与取景范围
镜头的焦距从外到内依
次是 25mm、50mm、
100mm、200mm

拍摄距离不变

25mm

50mm

100mm

200mm

拍摄距离改变

25mm

50mm

100mm

200mm

* 所有照片中的人物固定不变

导演希区柯克在电影《惊魂记》中使用了这种"眩晕"技术，因此这种技术也被称为"希区柯克（眩晕）变焦"。在电影《大白鲨》《E.T. 外星人》和 MV《战栗者》中也能见到相应的表现手法。

125

比实景显得更宽的照片

如果缩短焦距，或者远离墙壁拍照，房间就会显得更宽敞

○ 照片往往被当作实物的"复制品"，但如果在拍摄方式上稍作文章，照片就能比实际显得更美好。拍摄方式与视觉效果的关系尚未完全明了，但是近年来这方面的研究也在逐步进行。

○ 例如，房产广告为了使房间显得更宽敞，往往会使用被称为"鱼眼镜头"或"广角镜头"的短焦距镜头进行拍摄。

○ 这样一来，短焦距可以将更广的范围收录到画面中，使远处的那面墙在画面中显得更小，墙壁看起来也延伸得更远，从而使房间看起来更加宽敞。另一种方法是通过增加与远处那面墙之间的拍摄距离，达到使房间显大的效果。这两种方法的原理是相同的。

○ 当然，照片中房间大小的印象还与拍摄角度、室内装饰、照明等多种因素有关。

○ 如果将摄影师和建筑师的经验、线性透视或恒常性等视觉机制、实际印象和不同视觉效果的测试综合起来，或许就能拍摄出更有魅力的照片。

参看 ［112 眼见为"赌"］［116 线性透视］［124 滑动变焦］［126 角度欺骗］

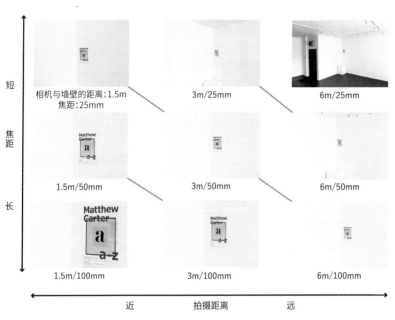

短

焦距

长

相机与墙壁的距离:1.5m
焦距:25mm

3m/25mm

6m/25mm

1.5m/50mm

3m/50mm

6m/50mm

1.5m/100mm

3m/100mm

6m/100mm

近　　　　拍摄距离　　　　远

通过调整焦距和拍摄距离,使取景深处的墙壁在画面中更小,给人一种"远看"的宽敞感。

126

角度欺骗

对人物的印象因拍照角度而发生变化

○ 从斜上方拍摄的人物面部会显得人物很可爱，而从斜下方拍摄则会显得更有个性。利用这个差异，"角度欺骗"在社交网络上成了热门话题。不经过图像处理，仅利用拍照方式就能改变视觉效果，这一点十分令人震惊。

○ 通过拍摄手法进行印象处理的技术被称为"摄影表达"。除了角度欺骗还有很多摄影表达方式，每一种的效果都立竿见影。但是为什么会有如此效果尚未完全弄清。

○ 角度欺骗或许可以解释为，相机与人物面部之间的位置关系所产生的拍照方式的差异。例如，从斜上方拍摄时，眼睛离相机近，而下巴离相机远。因此，拍出来会显得眼睛大，下巴小。这样一来，这张"大眼睛瓜子脸"就会给人留下可爱的印象。同理，以从下向上的仰视角度拍摄全身像，看起来人很有型，便也可以解释得通。如果从下向上拍摄，离相机近的腿部拍出来显长，而离相机远的面部拍出来显小，看起来就像"大长腿巴掌脸"的模特身材，给人一种帅气有型的印象。

参看 ［112 眼见为"赌"］［124 滑动变焦］［139 婴儿图式］

照片也遵循光学原理，本应得到与实物相同的影像，但是由于采用的拍摄方式不同，照片给人的印象也大为不同。

127

真动知觉

根据时间序列上视网膜成像的规律性变化感知运动

○ 眼前的物体移动，或者自己的眼睛、头部转动时，视网膜成像会呈现规律性的变化。

○ 通过这个变化，我们就能感知是什么东西在动，以及是如何动的。右页中的左图为视网膜成像示意图，箭头表示变化的方向，但是视网膜成像无法直观展示。视网膜成像的变化是与视野相对应的，因此我们先从视野的变化来思考。

○ 我们注视前方时有一个物体从眼前横穿而过，正如右页中的左侧上数第二张图的示意，整个视野中的局部成像保持其原有的形状水平移动。此时，我们在静止的世界中，感知一个物体横穿了过去。

○ 当某个物体向我们迫近的时候，正如右页左侧底部的图所示，整个视野中的局部成像在保持其形状不变的同时变大。此时，我们在静止的世界中，感知一个物体靠近了我们。

○ 在静止的世界中，我们的头部向前方移动时，所有的成像都由视野中心流向周围。视野变化如右页中的右图所示。此时，我们感知自己向前移动了。

参看 ［112 眼见为"赌"］［115 运动视差］［128 β 运动］［129 运动后效］［130 自主运动］

与物体运动相对应的视网膜成像的变化

飞机将要在跑道上着陆时，视野变化的方向及变化量

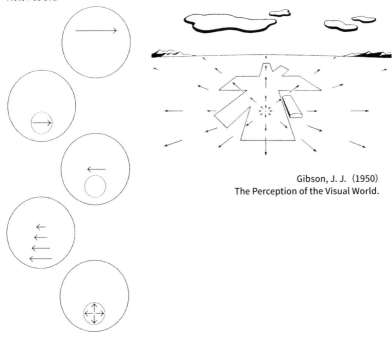

Gibson, J. J.（1950）
The Perception of the Visual World.

参考东山笃规、竹泽智美、村上嵩至译著的《视觉世界的知觉》（新曜社）。

如果用图画将实际运动时的每个瞬间的成像一一再现，并按照顺序呈现，就能看见运动，这就是以动画为代表的 β 运动。

β 运动

在适当的时刻向适当的位置有序地显示，图像看上去就动起来了

○ 即使实际上没有发生移动，若视网膜成像如物体移动时一般变化，我们也能感知运动。观察运动时，视网膜成像会发生规律且连续性的变化。当物体发生运动时，随着时间的推移，投射在视网膜上的像也会发生位移。

○ 若再现这种规律性和连续性，每隔相同的时间在不同的位置亮灯，或者显示局部不同的静止画面，就能感知运动，这被称为"β 运动"。

○ β 运动属于似动知觉的一种，此外还有 α 运动和 γ 运动。但是，β 运动是最广为人知的似动知觉现象，很多情况下提到似动知觉就是指 β 运动。翻页漫画和动画都是 β 运动的应用实例。

○ 无论是动画还是实拍的电影，都是静止图像有序且连续地出现在屏幕上，由此呈现流畅的动作。

○ 铁道口闪烁的警示灯看起来似乎在左右移动；站前广告牌和新干线车门上的电子显示屏，通过有序地点亮小片区域，就可以展示流动的文字。

参看 ［112 眼见为"赌"］［127 真动知觉］

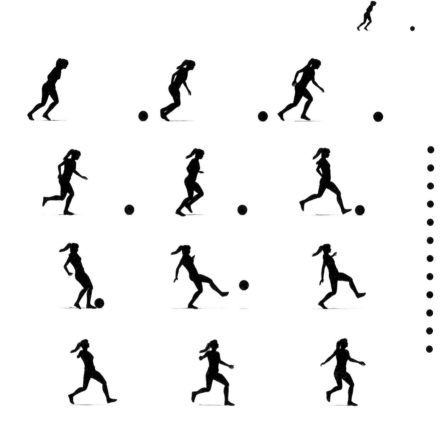

快速翻动本书右上角或右半边，就会出现所谓的翻页漫画，能够看到画面动了起来。

129

运动后效

当持续注视一个规律性的运动时，视野中刚刚在持续运动的部分看起来在向相反方向运动

○ 对飞流直下的瀑布凝视一段时间后，再看向瀑布旁边的岩石，岩石的部分看起来似乎在向上运动，这被称为"瀑布效应"，瀑布效应是典型的运动后效。

○ 也就是说，如果持续观察朝向某个方向的运动，就会看到与观察到的运动方向相反的运动。

○ 视野中的成像会根据物体或我们自身的运动发生有规则的变化。在视野中，成像由于特定的运动朝着某个方向持续移动，之后，就能看到它朝着反方向移动。

○ 一直盯着涂有漩涡状图案的陀螺看，如果突然将视线转移到周围，视野就会发生微弱的扭曲，这时可以试着去看人的面部。

○ 无论是站在桥上眺望湍急的河流，还是欣赏车窗外飞逝的景色、天空中不断飘落的雪花，总之，静静凝视着某个方向的运动，不久就会产生运动后效。

参看 [112 眼见为"赌"] [127 真动知觉]

找到或制作一个与上图中类似的陀螺并且旋转它，图像会根据旋转的动作在视野中朝一个方向不停转动。一旦陀螺停止旋转，即可看到漩涡朝反方向转动的现象。

130

自主运动

当周围空无一物时，孤零零存在的物体看起来似乎在动

○ 我们平常所见的世界充斥着各种物质，并保持在稳定的状态。运动的物体看起来就是在运动着的，而静止的物体看起来就是静止不动的。但当只有一个物体孤零零地存在的时候，虽然它是静止的，可有时看起来也是移动着的。由于没有参照物，也就是我们通常视作线索的其他物体，我们所见到的样子就不再稳定了。

○ 据说飞行员在暗夜中看见仅有的一颗星星时，会感觉这个光点仿佛开始移动了，这种现象被当作解释 UFO 本来面目的依据之一。

○ 暴风雪使周围全部被皑皑白雪所覆盖，那么偶然进入视野的岩石即使看起来在动也不足为奇，这或许就是传说中"喜马拉雅雪人"的原形吧。

○ 如果在一间完全黑暗的房间中凝视一个光点，经过 30 秒左右可能就会感觉到光点在移动了。若使光点闪烁或左右轻微摇摆，就更容易看到光点在动。也有研究称，此时的自主运动效果受到了心理暗示的影响。

参看 ［112 眼见为"赌"］［127 真动知觉］

据说，如星星般漂浮在黑暗中的微小光点，如果被告知它的移动轨迹像数字2 的形状，看上去仿佛它就在"画"2，如果被告知它的移动轨迹像数字 3 的形状，那么看上去仿佛它就在"画"3。

131

视觉搜索任务与突出效应

相似者难以被发现，而相异者很容易被找到

○ 通过眼睛找出目标物体就是"视觉搜索任务"。

○ 例如，从右页中的众多字母 N（干扰者）中找字母 M（目标对象）。由于字母 N 和 M 外形相似，需要花点儿时间才能找到。

○ 相比而言，如果从字母 N 中找到字母 O 就容易多了。另外，即使同为字母 N，如果与其他的字母 N 的颜色不同或大小相异，也很容易被发现。

○ 当我们寻找的对象拥有相异的性质时，目标对象就像从其他物体中被"弹出"，立刻会被发现，这被称为"突出效应"。

○ 突出效应不仅会在文字的字符、颜色、字体等相异的情况下发生，在格式塔原则被打破时也会发生。例如，相同的文字排列在一起时，如果只有一个从整齐的队列中偏离或歪斜，那么这个文字看起来就会非常突出。

○ 不同性质的物体、偏离的物体，这些一瞬间就会凸显出来，但是相似的物体、整齐划一的物体，会作为一个整体被感知，因此找出其中的某一个是非常困难的，只能按照顺序逐一搜索。

参看　［103 接近性原则与相似性原则］［104 连续性原则与闭合性原则］

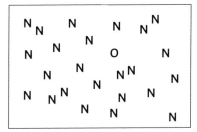

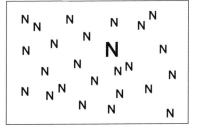

想要使一个对象引人注目，可以大幅改变其某个特征，想要使其融入环境，只要让该对象以尽可能多的特征和群体对象相似即可。

132

诱目性

广告牌和宣传图最基本的要求就是引人注目

○ 室外的广告牌、网站的宣传图，都需要让人们"看过来"，总之，必须要有足够高的"诱目性"。突出的颜色、形状、大小，这些自然要有。但是，鲜艳的颜色、新奇的形状、巨大的尺寸也未必就是好的。广告也需要与街道或网站的整体氛围相协调才行。

○ 要想引人注目，只要与格式塔原则相悖即可。相似的物体和排列整齐的物体会作为整体被感知，因此要赋予一些可以打乱它们的特征。

○ 交通标志使用了特殊的形状和颜色，很容易引起人们的注意。然而在色彩斑斓、热闹非凡的大都市，十字路口处悬挂的单调、简洁的广告牌反而更具有视觉冲击力。

○ 比起静止的建筑物或规律性移动的车厢，我们更容易把目光投向飘扬在空中的旗帜。

○ 此外，充斥着声音的广告中间突然无声、气味熟悉的房间中猛然嗅到的煤气味等，这些扰乱了时间规律、打破了与周围的和谐统一的信息会格外引起人们的注意。

参看 ［065 色彩诱目性］［131 视觉搜索任务与突出效应］［134 字体易认性］

诱目性高的设计　　　　　　　　诱目性低的设计

GO!

おはようございます

上图为诱目性高与低的设计案例，诱目性也会根据对象被放置的环境而发生
变化。

133

空间频率

所谓"视力"，就是即使空间频率很高也能够清晰分辨的能力

○ 请看右页的上图，你看到的是玛丽莲·梦露还是爱因斯坦？事实上，距离很远就会看见玛丽莲·梦露，而如果近看就是爱因斯坦。

○ 在这张图中，重叠着两张不同空间频率的照片，而空间频率就代表了图像精度。爱因斯坦图像的空间频率较高，深浅的重复较为精细，所以甚至皱纹、胡须也能辨认。而玛丽莲·梦露图像的空间频率较低，看起来模糊不清。

○ 将空间频率比作一定空间内重复的深浅（明暗）波形条纹状图案，就比较容易理解。

○ 空间内，若波的数量少，则间隔大，我们就能逐一看见每个条纹。当波的数量增加，间隔就会变小，条纹状图案最终呈现为均匀的灰色（参看右页图片）。

○ 空间频率越高，投影在视网膜上的条纹越多，宽度越窄；而即使原本就很宽的条纹，如果从远处看，投射在视网膜上还是会变窄的。因此，如果将图像拉远，爱因斯坦将会消失，而玛丽莲·梦露将逐渐显现。

参看 [112 眼见为"赌"] [132 诱目性] [134 字体易认性]

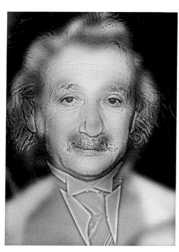

Hybrid Image of Einstein and Monroe
Courtesy of Aude Oliva, MIT.

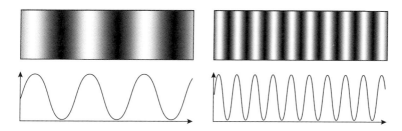

当波的数量增加时，视觉上呈现灰色的程度存在个人差异。在空间频率高的情况下，依然能辨别出条纹图案的能力就是视力。

134

字体易认性

有些文字即使很小、观察距离很远，或者观察者的视力低下也能轻松辨认

○ 当文字本身很小，或者距离观察者很远的时候，文字在视网膜上的投影就会很小，必须更仔细地分辨。

○ 如果视力较弱，看东西就会更困难。归根结底，视力是指投射在视网膜上的条纹的宽度由于条纹本身变窄或因观察距离变远而变窄，但依然能被分辨出来的能力。

○ 广告牌上的文字需要让大部分人从很远的地方就能看到。因此，从这个需求出发，广告牌上的文字通常都很大。但是媒介的尺寸是有限的，所以放大文字就会使能显示的信息变少。

○ 英文字体 Frutiger 以及符合通用设计的日文字体，即使在字很小或观察距离较远时也能很容易辨认，因此广告牌上经常使用这些字体。确保统一的线条粗细和留白，从而使文字更容易辨认，这些字体就是以此而精心设计出来的。

参看 ［066 色彩易认性］［112 眼见为"赌"］［133 空间频率］

车站、机场的指示牌上使用的文字，除了具有易认性，还需要具有可读性。
机场指示牌经常使用 Frutiger 字体。

135

字体印象

字体可以表达特定的印象

○ 在确保易认性和可读性的基础上，为了表达恰当的印象，除了文字的颜色和大小，我们还会选择字体。

○ 日文字体也是如此，明朝体（宋体）可能带有成熟、得体、理性、优雅、高级并且具有日本风格的印象，而哥特体可能带有亲切、流行、活泼且充满力量的印象。

○ 企业名称、商品名称都会选择与其形象相称的文字设计。适当的文字设计，能够体现企业或商品所具有的传统、高级、优美、亲切、诚实、创新等印象。

○ 此外，人们还尝试通过字体向听力障碍者传达身临其境之感，以及探索研究能够自动查找与句子相匹配的字体的系统。根据不同的内容，我们需要可爱的、有趣的、恐怖的、有格调的等不同风格的文字。

参看 ［136 波巴奇奇效应］

带有特定印象的日文字体

铃虫体　美しい空

春日学园体　美しい空

Hiragino 行书　美しい空

勘亭流体　美しい空

根据测评，实际印象与设计意图基本吻合。同时，字体的印象也可以作为经验知识被传播。

136

波巴奇奇效应

有些声音与形状具有相通的印象

图形印象

○ 一位心理学家一边展示如右页所示的图像，一边问道："在火星的语言中，这两个图形中的一个读作'波巴（bouba）'，而另一个读作'奇奇（kiki）'，猜猜哪个名称对应哪个形状。"

○ 当被问到这个问题时，大部分的人都回答左边的是"奇奇"，右边的是"波巴"。

○ 在不知道答案的情况下，即使是第一次看也会如此回答，并且就算所在地区的文化、语言都不同，也会得到相同的答案，这就是"波巴奇奇效应"。

○ 也就是说，声音与形状之间具有共同的印象，且这个印象在人类社会中是共通的。

○ 在设计标志、文字、产品时，或者在给人、角色、企业起名字时，我们会通过选择合适的形状或声音，准确传达出我们的目标印象。

○ 即使是同一个名字，使用平假名、片假名还是汉字来表示，给人的印象也会不同。父母深思熟虑为孩子起的名字，当念出名字时，所发出的声音有些会表达出柔和感，也有些会表达出力量感。

参看　[135 字体印象]

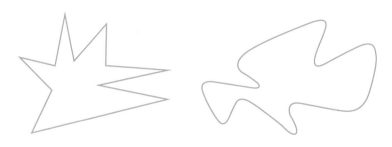

Ramachandran, V., & Hubbard, E. (2001). Synaesthesia: a window into perception, thought and language. Journal of Consciousness Studies, 8, 3-34.

"奇奇（kiki）"的发音是尖锐的，名为"奇奇"的形状也是锐利的；"波巴（bouba）"的发音是圆润的，名为"波巴"的形状也是圆润的。

137

黄金分割比与白银分割比

有些比例能给人以美感

○ 物体都会存在比例，如纵向与横向的纵横比，对内容进行分割时的分割比，长短部位的长短比。

○ 比例不同，印象也会发生变化。例如，仅将纵横比不同的画布或图像的上下部分裁掉，通过改变纵横比带给人全景感，这就是以前的全景照片。

○ 全世界最受欢迎的是黄金分割比为 $1:(1+\sqrt{5})/2$。黄金分割比以《蒙娜丽莎》、帕特农神庙为代表，常见于西方的美术作品或建筑物中。

○ 黄金分割比在数学上也极具美感。从一个符合黄金分割比的长方形中切出一块正方形，余下的长方形的纵横比也符合黄金分割比。用 1，2，3，5，8，…，F_n+F_{n+1} 来表示，前两个数相加得到下一个数字，将这个过程无限进行下去的斐波那契数列，相邻数字的比值也逐渐接近黄金分割比。

○ 而日本人格外青睐的则是白银分割比 $1:\sqrt{2}$。A 型纸、B 型纸、日本人气卡通角色的脸、法隆寺金堂二层的屋檐等都符合白银分割比。

○ 虽然关于黄金分割比与白银分割比的偏好，对于背后的文化差异众说纷纭，但能让大多数人同样感觉到美的比例是不争的事实。

参看　[138 中心构图法与三分构图法]

黄金分割比

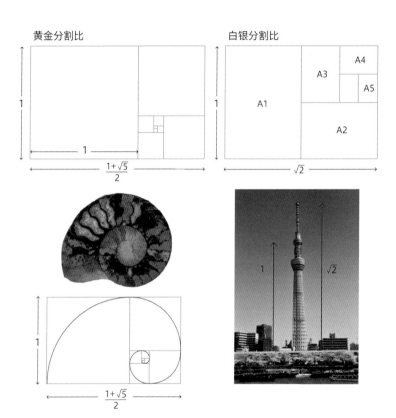

白银分割比

网站页面的分割和构图，建筑物、石刻、佛像的各个组成部分的大小，卡通角色的设计排布，都与分割比和长短比息息相关。

138

中心构图法与三分构图法

使用适当的构图就能拍出令人赏心悦目的照片

图形印象

○ 有的照片好看，也有的不好看。我认为照片是遵循光学原理所呈现的实际空间，因而没有好坏之分。但是，确实存在能让很多人都喜欢的照片。

○ 影响一张照片好坏的要素之一就是构图。构图就是在画面的某个地方，以什么样的大小收录被摄对象，相信很多人都有反复摸索相机与被摄对象之间的位置关系或距离的经历。

○ 中心构图法是众所周知的一种构图法。这种构图将主体安排在画面的中央，一方面因为其单纯所以难以表现出众，但也因其朴实、坦率而被大家所喜欢。

○ 三分构图法也广为人知。在画面中想象出纵向和横向的三等分线，将主体安排在等分线的交点上，这就是三分构图。尽管这种构图脱离了单纯，但也保持了很好的平衡感。

○ 在食物照片的试验中，采用中心构图的照片收到的评价是"看起来很美味"，而采用三分构图法将食物置于下方 1/3 处的照片收到的评价则是"很会拍照""拍得精致、好看"。

参看 ［112 眼见为"赌"］［116 线性透视］［124 滑动变焦］［137 黄金分割比与白银分割比］

上面是分别采用中心构图法和三分构图法拍摄的同一个蛋糕的照片，两张照片看起来都很讨喜，但是给人的印象却大不相同。

139

婴儿图式

因为拥有可爱的特征而受到保护，得以幸存

○ 无论是人类还是其他动物，年幼的个体都是不成熟且需要保护的，换句话说，就是无法独立生存。

○ 正如瑞士生物学家阿道夫·波特曼所说的"生理性早产"，人类出生时仍处于相当不成熟的状态。相比小马和小鹿在出生后很短的时间就能站立起来，人类的幼儿在站立和行走方面则需要更多的时间，也需要更多的保护。

○ 年幼的孩子具有被称为"婴儿图式"的身体特征。与成人相比，婴幼儿头部占全身的比例大得多，前额圆润而凸出，眼睛占全脸的比例更大，四肢更短，全身都是胖乎乎的。

○ 当看到这样的幼儿时，周围的人都会觉得他非常可爱。有理论称，我们因此产生了保护欲。

○ 身体和神经尚未发育完全的幼儿，或许就是因为这些身体特征而受到他人的保护，从而得以生存。

参看　[126 角度欺骗]　[140 眼睛的位置]

Lorenz, K. (1942). Die angeborenen Formen möglicher Erfahrung.
Zeitschrift für Tierpsychologie, 5, 235–409.

上图为人类和动物在幼年时期、成年时期的头部形态对比，左侧一列会让人
感觉非常可爱。

140

眼睛的位置

在画一张人脸时，降低眼睛的位置就会显得孩子气，抬高眼睛的位置就会显得成熟

○ 自古以来，无论是绘画、漫画，还是动画，都会分别描绘不同年代的人的脸。

○ 把眼睛画在脸上较低的位置就会显出幼态。右页的两张脸，包括轮廓在内，所有的组成部分都是一样的，不同的只是眼睛的位置。仅因为眼睛的位置不同，就会看起来或像大人或像孩子。

○ 正如"婴儿图式"所代表的，幼童与成年人具有不同的身体特征，参照这个规律，我们就能画出一张孩子的脸。

○ 实际的孩童，从下颌到眼睛的距离占从下颌到额头顶部的距离的比例较小，眼睛的位置相对较低。如果在一个圆乎乎的面部轮廓相对较低的部位画上一双大大的眼睛，那么看上去画的就是一个小孩子。

参看　［126 角度欺骗］［139 婴儿图式］

眼睛位置较高的脸

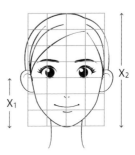

眼睛位置较低的脸

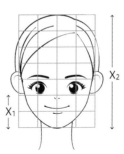

仅改变了眼睛的位置，给人的印象就大为不同。不仅限于正常的人像，卡通形象也可以通过将眼睛画在靠下的位置而显得更加幼态、更加可爱。

141

看起来像脸

呈倒三角形的 3 个点（∵）看起来像脸

○ 如果将 3 个点按倒三角形（∵）排列，看起来就像一张脸。无须解释就能看出，上面的两点是眼睛，底下的一点是嘴。

○ 从墙壁上的污迹或点的集合等无意义的事物中发现并感知脸或动物等具有实际意义的意象，这一现象被称为"空想性错觉"。而将无实际意义的点或物体的集合看成脸的情况有时也被称作"拟像现象"，单独加以区分。

○ 如果将符合眼睛和嘴的形状排列在一起，看起来就更像脸了。我们倾向于将原本毫无关联的事物理解为我们熟悉的事物。月亮的纹路、星座、云朵等，这样的例子不胜枚举，其中格外容易发现面孔。

○ 蔬菜的切口处、天花板或墙壁的纹理、山上的残雪、航拍照片中的地形、岩石、插座等都能看出面孔。所谓的灵异照片，有时只是把图片中的三块阴影或痕迹，看成了眼睛和嘴组成的一张脸。

○ 总之，将类似的"零件"排列成倒三角形，看起来就像一张脸。

参看　[140 眼睛的位置]

日常中看起来像脸的东西

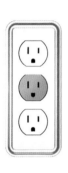  

用简单到不可思议的组件就可以组成卡通形象或符号表情，而且一点儿差异就能让表情发生变化。

142

撒切尔错觉

在倒置的脸上，即使将眼睛和嘴部上下翻转也不易察觉奇怪之处

○ 乍一看右页的照片可能不知道是什么错觉。但当你将书上下颠倒再去观察，就会发现其中一张照片很正常，而另一张照片的眼睛和嘴部都上下翻转了。

○ 照片中的女性是英国前首相玛格丽特·撒切尔，而这张图也因此被命名为"撒切尔错觉"。

○ 也就是说，在照片是正立的情况下，我们轻易就能判断出这是一张"奇怪的"面容，但将脸上下颠倒之后，我们就难以进行这种判断了。这是因为人们把面部当作一个配置好的整体去识别，而如果将面部倒置就无法顺利地进行识别了。

○ 同理也可以解释胖脸倒置显瘦的 Fat Face Thin（胖脸瘦）错觉。

○ 假设一张脸是否是胖的是从整体配置来判断的，那么倒置的脸会让我们无法顺利识别，因此就会认为这张脸处于平均水平，也就是看起来会比原本瘦。

参看 ［145 自下而上加工与自上而下加工］

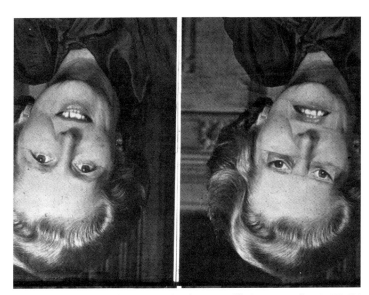

Thompson, P. (1980). Margaret Thatcher: A new illusion. Perception, 9. 483-484

即使那些一开始就注意到左右照片不同的人，在没有将书上下翻转之前，也不会感到这张面部照片竟是如此不协调。

143

通过触摸感知形状

形状不仅可以通过视觉感知，还能够通过触觉来感知

模态

○ 你可以看见一个形状，也可以摸到它。当然，画在纸上的二维形状我们是无法摸到的。但是，如果是三维的，只要你主动去触摸它就可以感知它的形状。

○ 指尖和手掌是很敏感的，用指尖摸索、手掌抓握等方式，就可以感知形状。

○ 当某种感官存在障碍时，就会将本应从这个感官传达的信息通过其他感官代为传达，这被称为"感官代偿"，而人们经常以触觉来代偿视觉，盲文就是典型的感官代偿的例子。

○ 能够通过触觉来感知的形状，可以应用于让任何人都能轻松使用的通用设计或公共用品上。例如，硬币边缘的锯齿纹和中间的小孔、纸币或洗发水盖子上的凹凸纹理、日本快递的"不在联络票"（收件人不在家时，快递员放置的再次配送申请表）上的缺口、牛奶盒顶部的小豁口等。当你在黑暗中摸索的时候、需要闭上眼睛的时候、着急忙慌的时候、不能转头去看的时候，这些设计就会成为对任何人来说都是难能可贵的。

参看 [144 功能可供性]

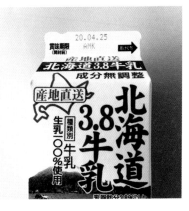

这些凹凸纹理或豁口是为了通过触觉读取信息而精心设计的。

144

功能可供性

当看到一个东西时，我们也能感知它的意义

○ 詹姆斯·吉布森在其著作《视觉世界的知觉》中提出，当人们看到一个东西时也能感知其"含义"。剪刀看起来就很锋利，道路看起来就能在上面走。这就是后来著名的"功能可供性"概念的萌芽。

○ "功能可供性"一词往往用于阐述能够引导恰当反馈的设计。

○ 在设计中，导向特定反应的线索用"Signifier"（意符）或许更为恰当，在这里，我们使用更广为人知的"Affordance"（示能）来表达。

○ 在车站或高速公路服务区设置的垃圾箱，投入口的形状和大小不同，以此来"暗示"人们投入相应的垃圾。这一思维方式也被应用在通用设计中。为了实现这一点，必须让每个人都能轻松使用，使用方法一定要直观易懂。

参看 [143 通过触摸感知形状]

垃圾箱投入口

门拉手 / 推板

拉

看上去可按的和不可按的按钮

可按的是哪一个?

可按的是哪一个?

可按的是哪一个?

横向滑动

推

能握住的把手暗示"拉";无把手的门板暗示"推";突出的按钮暗示"按"。

145

自下而上加工与自上而下加工

将当下的所见所闻与已有的知识进行比较对照的信息加工

○ 右页的图片乍看之下就是一些不规则排列的黑白斑点。但是，当告诉你"在这张照片中，斑点狗一边在满是落叶的地面上嗅着，一边向左前方的树走去"时，你就能看出这样的景象。

○ 依赖当下的所见所闻，即外界刺激的物理特性进行的知觉的信息加工过程被称为"自下而上加工"。

○ 与此相对，受到已有的知识、解释、期望等影响的知觉的信息加工过程被称为"自上而下加工"。通常两者是并存的，但右页原本看不见的斑点狗变得可见的这个事实让我们感受到了自上而下加工的存在。

○ 根据自上而下加工，我们可以快速处理看到的、听到的信息。即使文章中有一些错字、漏字，我们也能毫无障碍地阅读。

○ 但遇到重要信件、书的最终定稿等绝对不能出错的情况时，需要格外小心。正是因为错字、漏字不影响阅读，所以如果不仔细查看是不会注意到的。

参看 ［146 语境效应］［147 形状变换］

Gregory, R.(1970). The intelligent eye McGraw-Hill; New York.
(Photographer: RC James)

当被提供线索时，结合已有的经验，原本仅从呈现的图像上看不出来的东西就会渐渐显现。

146

语境效应

根据上下文，相同的东西也会看成不同的东西

○ 即使是相同的事物，根据前后呈现的内容，也会有不同的理解。语境
效应是一个广义的概念，在此我们只讨论形状的视觉呈现。

○ 右页左上角的图形读作"THE CAT"，但是上边的 H 和下边的 A 其实
是同一形状。换句话说，即使形状相同，但前者作为 H、后者作为 A
在发挥作用，因此被认作"THE CAT"。这是因为从前后的关系（语境）
来看，这样读是最自然的。

○ 同样，右上角图形中正中间的文字，若从上至下阅读，自然会被视作
数字 13，但若从左到右来看，则会因语境是字母被认作字母 B。

○ 上述均为把多义且不完整的形状按照语境文字来辨识的例子。这种现
象也可以应用在设计中，但是如果误解了上下文，反而会读不懂。例如，
右页下面的图可能看起来像是罗列了一些奇怪的片假名。但是，如果
轻声叨念"I CAN READ（我能读）"，就真能读出来了。

参看 ［143 通过触摸感知形状］［147 形状变换］

TAE
CAT

12
ABC
14

ICANREAD

即使在日常生活中，无须任何特别的有意识的努力，就会自行将各种事物补充到语境中去理解，从而就能读懂为了设计效果而被拆解了结构的文字。

147

形状变换

即使是单纯的线条图形，不同的人也会看成不同的东西

○ 如右页图片所示，詹姆斯·吉布森给参加者依次展示如最左侧方框中这样的 14 种线条图形后，要求参加者重新绘制看到的这些图形。右侧的 5 个图形为参加者绘制的。当再现之前所见的图形时，既有原本被强调出来的特征，也有一些本来并没有的特征。

○ 人类在看到毫无意义的线条图形时，会各自对其进行解读，并根据解读将其描绘出来。

○ 当向绘制出上排各图的 5 个人进行询问后，分别得到的回答是：1 是星星，2 是鸟，3 和 5 是箭头符号，4 是箭簇。

○ 这或许是因为他们各自拥有不同的兴趣或经历吧，看一看本来的图形和再现的图形之间的变化，就能明白这一点。

参看 ［145 自下而上加工与自上而下加工］［146 语境效应］

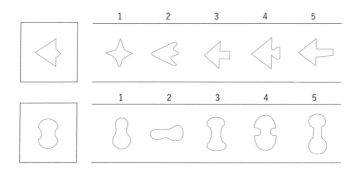

Gibson, J. J. (1929). The reproduction of visually perceived forms. Journal of Experimental Psychology, 12(1), 1-39.

向下排各图的绘制者询问后，得到的回答分别是：1 是女性身体，2 是脚印，3 和 5 是哑铃，4 是小提琴。

148

记忆中的交通标志

记忆中的交通标志或红绿灯的方向和位置未必是正确的

○ 如果凭借记忆画出交通标志中表示禁止的斜线，我会想要从右上到左下画这条线。但是，这条红线其实表示了"NO"中的"N"，所以斜线是从左上向右下画的。

○ 根据记忆画信号灯的红、黄、绿灯，有不少人画出的颜色与实际的顺序是相反的。横向信号灯从左开始分别为绿、黄、红灯，包括行人信号灯在内的纵向信号灯则上边是红色，下边是绿色。这样排列是为了能够更清楚地看到作为重要信息的红色。

○ "暂时停止"等格外重要的限制标志采用倒三角形，而人行横道的标志采用了独特的五边形。

○ 为了增加易认性和可读性，交通标志和信号灯在形状、颜色、大小等方面均经过精心的设计。图形不仅能够准确传递重要的信息，并且在易认性和诱目性方面均表现优异。

○ 这些例子由于太过常见往往被我们忽略，但当你重新审视它们时，就会发现其中饱含巧思。

参看 ［122 凸起的标志］［132 诱目性］

即使是再常见的交通标志或信号灯，如果凭借记忆描绘也是有可能出错的。

149

神奇的数字 7±2

一次能够加工的信息为 5~9 个

图形认知

○ 神奇的数字 7±2 是指我们一次能够加工的信息为 5~9 个组块，组块是被视为一个整体的信息单位。

○ 换句话说，我们能够同时加工多个信息，但是这个容量是有限的。众所周知的一种说法就是我们一次能够记忆的信息为 7±2 个组块。

○ 虽然"桃猴猕萄葡子厘车莓草果苹"（12 个组块）很难记住，但若将其反过来读作"苹果·草莓·车厘子·葡萄·猕猴桃"（5 个组块）似乎就很容易记住了。

○ 据说快速瞥一眼就能数出个数的也是 7±2 个。13 个苹果就一定要数一数，而 5 个苹果或 5 个装满水果的篮子，其数目就一目了然了。

○ 想要向别人传达什么信息的时候，切勿贪多，最好控制一下数量。近年也有研究称实际加工的信息为 4 个组块左右。

参看 ［145 自下而上加工与自上而下加工］

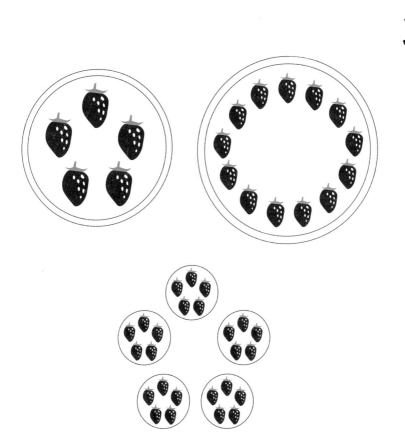

数量众多的东西，如果不数就不能知道确切的数目；而仅有几个的东西或组块，数量便一目了然了。

150

对齐效应

地图如果不与实际的方向对齐就会很难看懂

图形认知

○ 看地图的时候，如果将地图的上方与我们的前方对齐，我们就很容易知道自己所处的位置和要去的方向。

○ 例如，如果我们朝着目的地走在笔直向前延伸的道路上，那么最好将地图上的道路和我们的前进方向保持一致，以便使目标方向与我们的去向重合。

○ 像这样通过对齐方向使地图或向导图更容易看懂的现象被称为"对齐效应"。

○ 对齐效应在日常中随处可见，例如在日本古老的地图中常把城楼、山等地标置于上方，即使在现在，景点或商场的导览图上也会以标明"当前位置"来显示地图与自己所处位置的关系。

○ 另一方面，将北方置于上方这一通常的表示方法被称为"上北"，采用这种方法绘制的地图也比较容易让人看懂。

○ 例如，在自家附近，或者其他我们看惯了上北下南的地图的情况下，上北下南的地图就会更容易看懂，而实时方向的地图反而容易使人迷惑。

参看 ［142 撒切尔错觉］

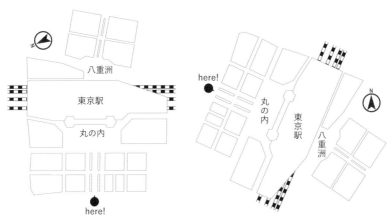

上面两张均为东京站前的地图，左侧的地图上方与前进方向对齐，而右侧的地图上方与北方对齐。

插图来源

以下所有图片均来自 Adobe Stock，版权信息从略。

作者

名取和幸

学习院大学研究生院人文科学研究科博士肄业。日本色彩学会、日本心理学会、日本建筑学会等组织成员。日本色彩研究所常务理事，研究 1 部高级研究员，色彩心理学专家。为了引入色彩设计以提升商品或环境的质感，从感性层面及功能层面出发进行了大量调研及试验。主要研究方向为色彩喜好、绘本与色彩颜色名称、色彩学史等。主要著作有《色彩要点》《色彩百科全书》《色彩考试官方教材》《初、高中美术教材》等。

竹泽智美

文学博士。2004 年立命馆大学研究生院文学研究科心理学专业博士肄业。针对照片中的距离知觉与拍摄手法及屏幕变化之间的关系进行研究。近年来，尝试从三维特性知觉的角度，对照片中的人物的体形相貌、食物、室内空间等事物的印象进行说明。2020 年 4 月至今任关西学院大学理工学部 / 感性价值创造学会特聘讲师。著有《照片中的距离知觉》。

监制

日本色彩研究所

创立于 1927 年，是日本唯一的色彩学综合性研究机构。在物理学、自然科学、心理学、工程学、设计、艺术、教育等领域拥有专业人才，并开展对色彩的综合性研究。应各省厅、自治体的要求，参与策划日本工业标准与颜色标准的制定，以及指导方针的提案。此外，还致力于为企业提供商品规划、设计、宣传广告、工程管理、人才培养等服务。

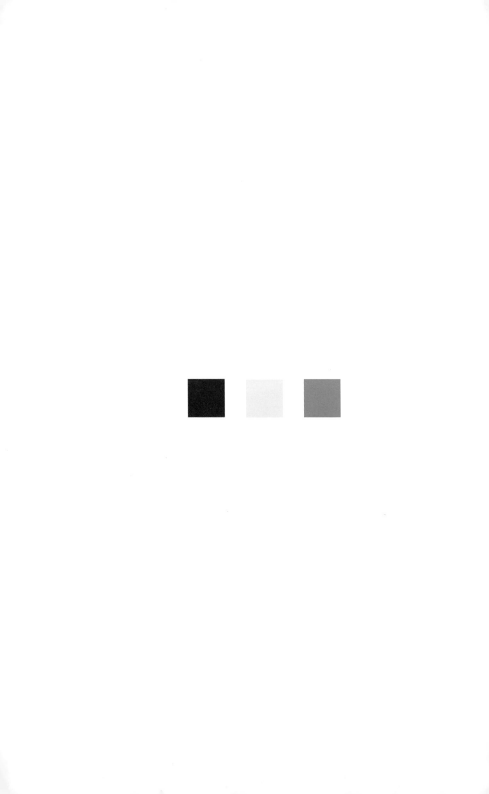

读 者 服 务

　　读者在阅读本书的过程中如果遇到问题，可以关注"有艺"公众号，通过公众号与我们取得联系。此外，通过关注"有艺"公众号，您还可以获取更多的新书资讯、书单推荐、优惠活动等相关信息。

　　投稿、团购合作：请发邮件至 art@phei.com.cn。

扫一扫关注"有艺"